寻声记

Scratch 3.0
趣味编程之旅

王晓辉 / 著

U0344086

电子工业出版社·
Publishing House of Electronics Industry
北京·BEIJING

内 容 简 介

本书是一本编程故事书，以 Scratch 3.0 作为编程设计工具，围绕一只小猫"喵喵呱"找回叫声的故事展开全书内容。

本书包含 9 章共 27 节，通篇注重情节的连贯性和任务的合理性，由浅入深、由简至繁、循序渐进地将编程知识渗透到故事中，包含相对完整的情节和简单有趣的小例子，让读者在阅读时既觉得有趣，又学到了知识。

本书适合刚开始学习编程的人群阅读，特别是低龄儿童。

图书在版编目（CIP）数据

寻声记：Scratch 3.0 趣味编程之旅 / 王晓辉著 . —北京：电子工业出版社，2019.7
ISBN 978-7-121-36873-8

Ⅰ . ①寻… Ⅱ . ①王… Ⅲ . ①程序设计 Ⅳ . ① TP311.1

中国版本图书馆 CIP 数据核字（2019）第 120898 号

责任编辑：付　睿
文字编辑：李利健
印　　刷：中国电影出版社印刷厂
装　　订：中国电影出版社印刷厂
出版发行：电子工业出版社
　　　　　北京市海淀区万寿路 173 信箱　邮编：100036
开　　本：720×1000　1/16　印张：14　字数：200 千字
版　　次：2019 年 7 月第 1 版
印　　次：2019 年 7 月第 1 次印刷
定　　价：69.00 元

凡所购买电子工业出版社图书有缺损问题，请向购买书店调换。若书店售缺，请与本社发行部联系，联系及邮购电话：（010）88254888，88258888。

质量投诉请发邮件至 zlts@phei.com.cn，盗版侵权举报请发邮件至 dbqq@phei.com.cn。

本书咨询联系方式：010-51260888-819，faq@phei.com.cn。

前　言

在我刚接触 Scratch 的时候，提起它没人知道，市面上只能买到寥寥几种图书，而且其中大部分都是译本。偶尔与专业人士探讨起来，却受尽了鄙视："这也能叫编程？玩具而已！"臊得满脸通红，只好掩面而逃。而如今，仅仅过去几年，各种与 Scratch 相关的网站、图书、培训多如牛毛，各种信息让人应接不暇。专业人士与他人交流时，开口 Scratch、闭口图形化编程，同时讲解内容也深了很多，各种公式、N 种算法……要多难有多难，要多夸张有多夸张，恨不得用其解决世界上的所有问题。

Scratch 不是一个简单的玩具，也不是无所不能的"神"。虽然它非常好上手，"友好"到一年级的小朋友也会偷偷在学校机房打开来玩；但是它也非常强大，可以完成水平很高的游戏作品。不过大家容易忽略的是，尽管它很简单，一个 8 岁的孩子起码也需要一个学期（大约 16 个课时）的学习来掌握它的使用方法；尽管用它制作的游戏可以很酷炫，但是由于它单维数组等先天缺陷决定了其背后的实现方式非常烦琐。

Scratch 真的像本书中的喵喵呱一样，看起来是猫，张嘴却像青蛙呱呱叫。

不止有一位老师问我，为什么孩子只在开始几节课对 Scratch 有兴趣，后来就厌倦了呢？孩子们很喜欢 Scratch 作品，但我觉得孩子们喜欢的是作品，而不是它背后的算法。也许相关的作品、课程显得 Scratch 很强大，但大家可能都忘了 Scratch 为什么会流行，其实并不是因为它强大。从某个方面来说，任何编程语言都比 Scratch 强大，但没有一门编程语言像 Scratch 这样受孩子欢迎。

所以，Scratch 是编程工具，但不能按教编程的套路来让孩子学习。

MIT（美国麻省理工学院，Scratch 的发源地）创造了 Scratch，想使编程这件事情变得足够简单，可是现在大家又处心积虑地往复杂、很难里弄。从培养编程技能的角度来说，也许这么做是对的；可是从孩子的角度来看，却不是这样的。教育界中出现的"喜欢"有 3 种：老师喜欢、老师觉得孩子喜欢、孩子真的喜欢。我想做到让"孩子真的喜欢"，所以在本书中做了一点努力，编了一些故事，并把故事讲给我的女儿和我的学生听，他们很喜欢。另外，本书舍弃了些许常规案例，压缩了讲解积木功能的内容篇幅，取而代之的是相对完整的情节、简单有趣的小例子。可以说，在保证这还是一本编程书的前提下，我尽量使书中故事的比重最大化。不管孩子是否喜欢编程，起码这本书会让孩子觉得比较有意思。至于编程例子，都融入了故事中，边看故事边学习编程。如果要给本书下一个定义的话，那么这可能是一本故事性很强的编程书。所以，当付编辑问我这本书的读者人群时，我踌躇了一下：大概，有颗童心的人都可以读吧。

本书包含 9 章共 27 节，看起来内容好像不少，但让人觉得困难的内容几乎没有，可以让读者看得明白、做得出来。另外，也不要觉得这本书太单薄，它应该只是你漫漫编程路上的第一块垫脚石而已。书中的所有例子都很简单，正常来说每个例子的制作时间不会超过 20 分钟，但其又很完整，起码能实现一个基本完整的功能。这样能在保证孩子有兴趣的基础上，让他或她学到或者巩固编程知识。如果真的感觉哪个例子做起来有点困难，嗯，跳过去，没事的。坚持做完书上的大部分例子，也许你就会对 Scratch 恍然大悟。

没有编程基础，对这个世界还有点好奇心，想简单了解编程和 Scratch 的读者，看看这本书吧，我相信你不会失望。至少，它可以让你知道，编程这件事情并没有很难。

由于本人水平有限，书中难免有疏漏和不足之处，恳请读者朋友不吝指教，多多批评、指正。

目　录

第1章

故事的起源

本书故事的主人公叫喵喵呱，它是一只平平常常、普普通通的小猫，在猫群里毫不起眼，如果说它有什么特殊的话，那就是它从来不会发出喵喵的声音……哦，说到这里，你一定认为喵喵呱是一只哑巴小猫吧？不好意思，它只是不会喵喵叫而已，说话什么的完全没有问题。而且喵喵呱具有一项其他小猫不具备的天赋技能，那就是它会发出呱呱的声音。没错！就是青蛙的叫声。听起来很神奇，是吗？咱们的故事就从这里开始……

一天，正在外面玩的喵喵呱突然哭着跑回家，见到自己的妈妈就往妈妈怀里扎："呱呱，妈妈，它们说我是一只假猫。"

喵喵妈很纳闷："喵呜，谁啊？为什么这么说你？"

喵喵呱赶紧说："就是喵喵俏、喵喵闹、喵喵胖，还有喵喵壮等。它们说我根本不会猫的叫声，只会青蛙呱呱的叫声，不配做一只猫。"

喵喵妈笑了："这……会说外语不是挺好的嘛，不要听它们瞎说。"

喵喵呱不乐意："可是……可是我不想这样。妈妈，你能给我想想办

法吗？"

"这个……"喵喵妈发愁了，"唉！从小妈妈就带你看了好多大夫，都没有什么办法。"

喵喵呱撒娇："呱呱，再想想办法嘛！"

喵喵妈很无奈："那你去找长老吧，也许它会有办法。"

喵喵呱："呱，长老，长老，是这样的……"

喵长老："呵呵，这件事情也不是完全没有办法。只是你之前还小，无法让你自己做出选择，现在你告诉我，如果让你去一个新的世界冒险，你愿意吗？"

喵喵呱："如果能治好我的病，肯定没有问题！"

喵长老："那就好，请闭上眼睛，随我来到 Scratch 的世界……"

喵喵呱："啊！呱，你还没告诉我什么是 Scratch，呱呱！"

1.1　Scratch是什么

Scratch 是一种程序设计语言，也是一个开发和展示的平台。总之，它很神奇。它于 2007 年诞生在美国麻省理工学院（MIT）媒体实验室，专门为儿童和青少年设计，可以让没有编程基础的人通过积木堆砌的方式来设计和构建自己的故事、动画、游戏等编程项目。它还提供了在线的社区和平台，方便人们分享自己的作品，如图 1-1 所示，仅其官方网站用户就超过了 1000 万人。

图 1-1

借助 Scratch，能让人尽情地发挥自己的想象，完成并展现自己的创意。在整个学习和制作过程中，可以培养人独立思考、逻辑分析、解决问题等多方面的能力。在 2017 年之后出版的全国各地的信息技术教材中，均不同程度地加入了 Scratch 的内容。

喵喵呱："好吧，这确实是一款非常神奇的软件。在哪里可以买到这款软件呢？"

这款软件不需要购买，也不需要安装，它本身就是一个开源、免费的学习工具。从 Scratch 2.0 开始，读者只要打开网址 https://scratch.mit.edu，就可以进入 Scratch 的世界。但因为这是国外的网站，所以访问速度比较慢，

不过没关系，很多有识之士对 Scratch 做了本土化的改进，在国内架设了
Scratch 的服务器。例如，网易、编程猫、阿儿法营等，如图 1-2、图 1-3 所示。
在这里，咱们就以网易卡搭的软件为例，看看 Scratch 的世界是什么样的。

图 1-2

图 1-3

 动手做

打开 https://kada.163.com，如图 1-4 所示，其中有一个栏目叫精选作品，看看有什么自己喜欢的作品，单击打开玩一玩，体会一下 Scratch 的强大功能。

图 1-4

问问你

你都玩了什么作品？这些作品可以分为几种？哪一种是你最喜欢的？你最喜欢的这个作品还有什么让你不满意的地方？

1.2 熟悉操作界面

来到了新的世界，熟悉环境后，就可以一步步地进入编程的殿堂，开始咱们的冒险之旅了。

打开任意一个浏览器。注意，不要使用低版本的 IE 浏览器，然后输入地址 https://kada.163.com/project/v3/create.htm，就可以进入 Scratch 3.0 的世界了，如图 1-5 所示。

图 1-5

喵喵呱："界面看起来很简单，好像没有太多的功能嘛！"

如图 1-6 所示，其界面很简单，大致只有菜单区域、舞台区域、角色区域和脚本区域，然后左边有三个标签，别的就没什么了。乍一看好像也没什么太丰富的内容，但你仔细观察一下，仅仅是"代码"标签下每一个彩色的圆形按钮就分别对应运动、外观、声音、事件、控制、侦测、运算、变量、自制积木等分类，每种分类下都有多个积木。

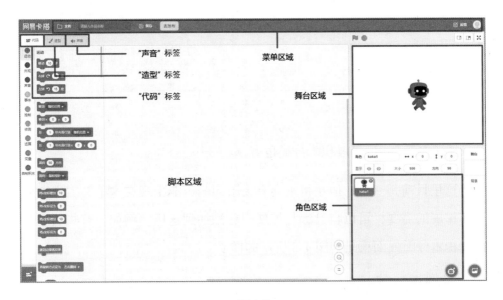

图 1-6

喵喵呱："哇，那就是 9 种，每种有几个积木？我来算一算。"

不用算了，算不准确的。因为除这些之外，最下面还有一个扩展按钮，其对应很多扩展功能的积木分类，如图 1-7 所示。

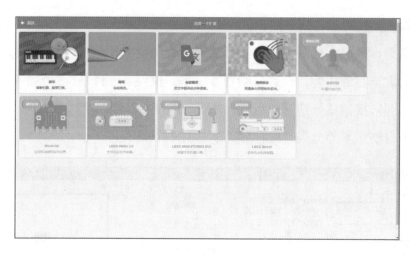

图 1-7

喵喵呱："哇！扩展积木分类也有 9 个……"

这里目前是 9 个，但是将来会有无限多的可能出现在这里。因为如果你有扩展的需要，可以自己编写扩展内容添加到这里。例如，有些版本的扩展积木分类界面就是如图 1-8 所示的样子。

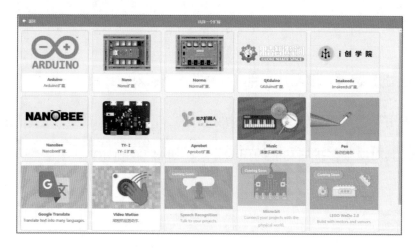

图 1-8

喵喵呱："我很好奇，选了扩展积木之后会怎么样呢？"

 动手做

1. 打开 Scratch 3.0 的界面，并且单击每一个菜单和标签，观察其下都有什么内容。

2. 打开扩展积木分类界面，添加一个"音乐扩展"积木分类，并观察 Scratch 3.0 的界面出现了什么变化，如图 1-9 所示。

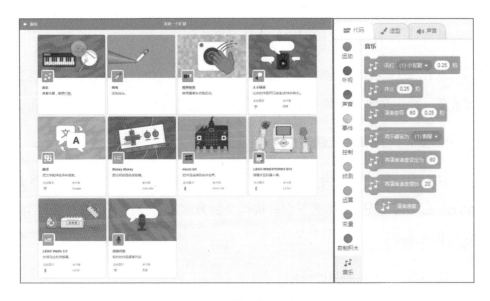

图 1-9

 问问你

Scratch 一口气把功能做全不好吗？为什么还要扩展？这样做有什么好处呢？

1.3　第一个Scratch作品

咱们比画半天其实什么都没有做，下面开始制作一个简单的 Scratch 作品，体验一下整个制作流程。

喵喵呱："好！可是咱们做什么作品呢？"

就做一个简单的动画吧！可是作品再简单，也要先规划好，起码要先想清楚，谁？在哪里？做什么？

喵喵呱："怎么感觉像写作文一样？"

其实跟写作文没有太大的区别，只是作文需要让人看得懂，而程序需要让电脑看得懂而已。那么下面就按作文的方式来写：有一只猫，在舞台上，给大家朗诵诗歌。

喵喵呱："能朗诵我的诗吗？"

如果我不再呱呱，

就化作一滴雨水，

飘到小河里，

拥抱小鱼、小虾。

如果我不再呱呱，

就化作一片雪花，

飘到原野上，

快乐地融化。

如果我不再呱呱，

就化作一丝柳絮，

飘到半空中，

散开自己，

变成无数的牵挂。

这个当然没有问题，现在开始制作吧！

默认舞台上是有人存在的，如图 1-10 所示的红色机器人就是卡搭的吉祥物卡卡，不过这次的制作主题不需要它在这里，嗯！礼貌地请它离开。在角色区域中选中卡卡，然后单击鼠标右键，选择"删除"命令，这时会弹出一个对话框让你确认，给你一次反悔的机会。直接单击"确认"按钮即可。

喵喵呱："走好不送哦！我们有缘再见！"

图 1-10

现在舞台上空空如也，首先解决"在哪里"的问题。在屏幕的右下角有一个 按钮，当你把鼠标光标放上去的时候，会弹出四个按钮和"选

择一个背景"的提示，如图 1-11 所示。不用管它们，连续单击，很快会出现很多背景图片，如图 1-12 所示。

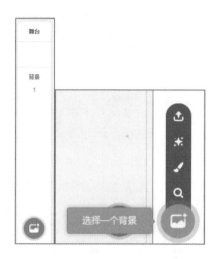

图 1-11

图 1-12

适合做舞台的背景图片有很多，根据自己的喜好选择一个就可以。不过只有舞台而没有演员肯定不行，下面可以考虑主角的问题了。就在选择背景按钮的左侧有一个选择角色按钮，使用方法和选择背景按钮极为相似。同样也是弹出 4 个按钮（见图 1-13 ），以及更多的角色让我们选择，如图 1-14 所示。

图 1-13

图 1-14

我们在角色库中找到小猫，这只小猫其实就是 Scratch 的标志，从 Scratch 1.0 开始就活跃在 Scratch 的舞台上。在 Scratch 离线版中，桌面图标也是这只小猫的头像。小猫出现在舞台上之后，可以通过拖动鼠标来改变它的位置，找到一个自己觉得舒服的位置，让小猫呆在那里即可，如图 1-15 所示。

图 1-15

喵喵呱："可是拖动的位置不准怎么办？"

对于角色的位置、大小以及角度，在角色区域的上方，Scratch 提供了用数值来调节的方法，这相对于直接拖动鼠标就准确了很多，如图 1-16 所示。

图 1-16

在图 1-16 中不仅可以调整角色的位置、大小和角度，角色的名字以及是否在舞台上显示等属性也是可以直接修改的。

喵喵呱："好了，有了地方和角色后，怎么才能让它说话呢？"

布置好场景和角色后，下面开始编程操作。不要觉得编程就是在一个窗口里写代码，Scratch 所有的命令积木都是彩色的，而且不需要一句一句地输入，就像玩积木一样，拖动组合到一起就可以，如图 1-17 所示。

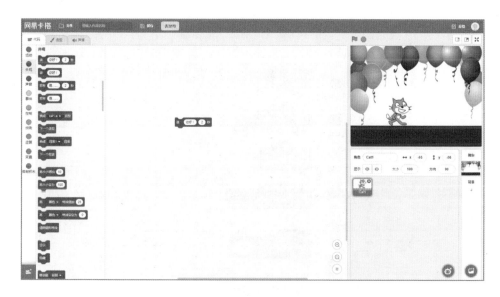

图 1-17

首先在角色区域确认当前选择的是主角还是舞台，然后在左边的"代码"标签下可以找到很多不同颜色的积木，使用拖动方式把它们拖动到屏幕中间的脚本区域，就可以完成编程操作。

喵喵呱："我拖动了积木，然而角色没有变化……"

常见的让命令积木开始执行的方式有两种。第一种是在积木上双击，角色就会执行被双击积木的命令。这种方式一般用来测试积木的效果，或

者给角色做一些调整。第二种方式是单击控制按钮中的 ⚑ 按钮运行程序，单击 ⬣ 按钮停止运行，如图 1-18 所示。

图 1-18

喵喵呱："我单击了 ⚑ 按钮，还是没有变化，如图 1-19 所示。"

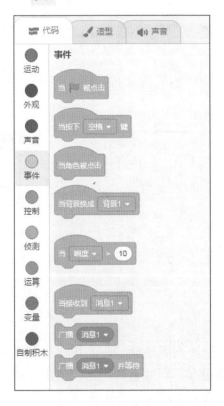

图 1-19

要让程序在单击 ⚑ 按钮后启动，必须在事件类型中拖动当 ⚑ 被点击积木到脚本区域，并把要启动的命令积木堆砌在这个积木下面，如图 1-20 所示。

图 1-20

在拖动一个积木接近另一个积木的时候，如果中间出现一个和你正在拖动的积木形状相似的阴影，就说明这两个积木可以堆砌在一起，形成一个积木块。这时再去单击 🏳 按钮试试，效果如图 1-21 所示。

图 1-21

喵喵呱："呀！小猫乖乖地说了'你好！'"

这时你把积木里的"你好！"改成想让小猫说的话试试，如图 1-22 所示。

图 1-22

 动手做

1.仿照上面的内容制作一个小猫说话的程序作品，并让小猫逐句朗诵喵喵呱的诗句。

2.注册一个网易账号并登录，把程序作品命名为"我的第一个Scratch程序"，然后保存并发布。

?? 问问你

我们只做了一个角色讲话的情景，如果要制作两个人对话的程序该怎么做？

第2章

忧郁的青蛙

通过喵长老的指引，喵喵呱来到了 Scratch 的世界。在这里，它游逛了好多地方，发现了好多不同的场景，还有各种各样的动物和人物。但是在它的心中始终有一个挥之不去的心结，那就是到现在为止，它还没有找到能解决它发声问题的方法。

"为什么让我来这里？让我不再呱呱叫的关键在哪里？长老啊！为什么你不给点明示呢？"喵喵呱仰天长叹。

突然，一声长叹传了过来："苍天啊！为什么不给点明示呢？我活着还有什么意思，喵呜……永别了……"

然后，扑通一声。

喵喵呱心里咯噔一下，这是有人要寻短见吗？赶上前去，发现前方有一条小河，隐隐约约看到一个影子在水里浮浮沉沉。

"我的天，情况这么紧急！"喵喵呱刚想下水去救人，突然间理智拉住了自己。

长老说过，遇到他人溺水的情况一定不能贸然施救，特别是小孩子，很容易把自己也搭进去，明智的做法是赶紧呼救找人……可是，这荒郊野地的！喵喵呱看看周围，就别指望有人能听到呼救了。用了两秒时间想了想，他在周围找了一根长长的树枝，用腰带把自己绑在岸边的树上，然后伸出了树枝，小心翼翼地去够那个影子……

啪！

影子伸出了一只手抓住树枝，露出了脑袋，接着就看到一只青蛙对着喵喵呱大吼："喵了咪的，我好不容易寻个死，你还拿树枝打我？"

2.1　绘图编辑器

很有缘分，寻死的青蛙叫呱呱喵，是一只会喵喵叫的青蛙，不过不同的是，它从来不为自己的喵喵叫声烦恼，因为别的青蛙都很羡慕它会喵喵叫。可是，这不代表它没有烦恼，而是正好相反，它的烦恼比你想象的要多……

"哦，亲爱的喵喵呱，我活不下去了。我不知道生活为什么这样折磨我，早晨起来吃虫子都不是巧克力味儿的，逛大街也看不到漂亮的蝌蚪，河里的水也没以前清凉，没人送我礼物，唱歌也没人喜欢听……哦，连救我的猫都不是双眼皮的……我什么都不顺心，还是让我死掉好了。"

嗯，喵喵呱想了想："那你要死了，没人管岂不是更可怜？"呱呱喵瞪大了眼睛："连你也不打算管我？！"

喵喵呱双手一摊："我也不是双眼皮的猫呀。"

呱呱喵听了,泪如泉涌:"这日子是没法过了。"哭了一会儿,突然停下,一本正经地问喵喵呱,"那你能不能去割双眼皮?"

"啊?"

在 Scratch 的世界里找到一只双眼皮的猫并不太麻烦。前面给咱们朗诵的猫还老老实实地呆在脚本区域。嗯,可是它是单眼皮的。没关系,下面来把它变成双眼皮的。

喵喵呱:"这也能变,那用什么积木呢?"

这用不着积木,Scratch 中有 个非常强大的组件,叫作"绘图编辑器",如图 2-1 所示,它可以凭空创造出新的角色,也可以对现有的角色进行修改。

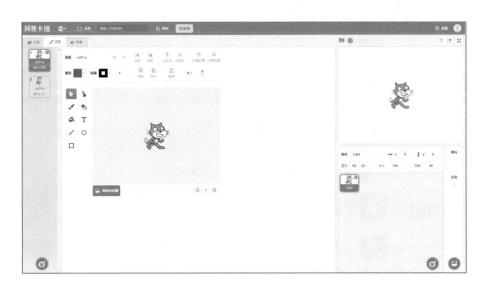

图 2-1

选中角色后,只需要单击"造型"标签,就可以打开绘图编辑器。我们的角色一般会在绘图编辑器的中间。如果在新建角色或者场景的时候选择第二个按钮 绘制,也可以启动绘图编辑器,但由于是创建新的角色/

场景，绘图编辑器中间什么都没有，如图 2-2 所示。

图 2-2

喵喵呱："我看到了好多按钮，这个绘图编辑器感觉好复杂"。

按钮和功能肯定会有一些，但并不复杂，主要有一些工具需要了解，下面列出了每个按钮的名称和功能。

选择工具 ▶ ：选择、移动画布上的矢量图形。

变形工具 ▶ ：通过调整锚点，变换矢量形状。

笔刷工具 ✎ ：自由绘制矢量形状。

橡皮擦工具 ◇ ：自由擦除矢量形状的局部。

填充工具 ◢ ：改变矢量形状填充的颜色和效果。

文字工具 T ：创建、修改矢量文本。

线条工具 ╱ ：绘制直线线段。绘制时按下 Shift 键可绘制水平或垂直的线条。

椭圆工具 ○ :绘制椭圆图形。绘制时按下 Shift 键可绘制正圆形形状。

矩形工具 □ :绘制矩形图形。绘制时按下 Shift 键可绘制正方形形状。

喵喵呱："但还有好多啊。"

剩下的各种选项暂时没有必要去逐一了解，因为每个工具都有不同的参数，咱们先来做最关键的，那就是怎么把猫的单眼皮变成双眼皮？

首先单击  工具把画布放大一些，给眼睛"动手术"需要看得更清楚，如图 2-3 所示。

图 2-3

选择线条工具，在画布上方的"轮廓"选项中设置颜色参数为"颜色：0，饱和度：0，亮度：0"，如图 2-4 所示，也就是黑色。然后把轮廓设置为"2.5"，如图 2-5 所示。这里其实就是设置线条的粗细。

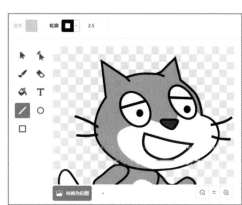

图 2-4　　　　　　图 2-5

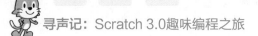

喵喵呱："我试了试，无论选择哪种颜色，把亮度设置为 0 就是黑色！哪有你操作的那么麻烦。"

直接拖动线条工具给小猫画上眼皮，这时它就成为双眼皮的猫啦！

呱呱喵："直线眼皮吗？还能不能好看一点，让它有点弧度？"

使用变形工具 选择刚画的线段，然后单击线段中间一次，稍微往上拖一点。用同样的方法调整另一条线段。这时你想要的弧度就有了，效果如图 2-6 所示。

图 2-6

喵喵呱："虽然还是感觉怪怪的，但确实是一只双眼皮的猫了！哦，我明白哪里不舒服了，现在的眼皮是白色的。"

下面换一种方法操作。单击几次舞台上方的后退按钮 撤销刚才的操作，或者使用选择工具 选中线条，然后使用舞台上方的 按钮删掉线条。小猫恢复了原来的样子。然后选择矩形工具 ，调整矩形工具的填充颜色为小猫皮肤的颜色。关于轮廓设置，还是和刚才的线段设置一样：黑色和 2.5 的线宽。下面画一个矩形。

喵喵呱："等等！我承认我的调色水平不行，怎样才能调出小猫皮肤的颜色呢？"

在调色面板右下角有一个吸管工具 ⌇，如图 2-17 所示，使用它在小猫身上单击，这时就可以得到小猫身上的颜色了，如图 2-8 所示。

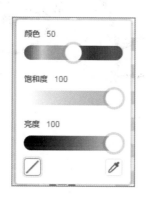

图 2-7   图 2-8

喵喵呱："这个吸管工具用起来好大，它还有放大镜的功能吗？"

吸管工具的巨大圆圈是为了让你看清楚，这个圆圈的轮廓颜色就是你要选中的颜色。

喵喵呱："现在的双眼皮真丑陋！"

不要着急，现在使用变形工具 ⇡ 选中矩形上面的两个顶点。注意，先选中第一个顶点，然后按住 Shift 键点选第二个顶点。这时你会发现，舞台上方的曲线按钮 曲线 可以使用了，单击它，每个点出现了两个操纵杆，调整它们到你认为满意的形状，现在你可以看看调整前后的效果，分别如图 2-9、图 2-10 所示。

图 2-9　　　　　　　　　　　　　图 2-10

喵喵呱："另一只眼皮也可以这么做吗？"

另一只眼皮也可以这么制作，不过建议还是通过复制来制作。使用选择工具 ▸ 选中第一只眼皮，然后在画布中找到并单击复制 按钮，接着单击粘贴 按钮复制出新的眼皮，如图 2-11 所示，双眼皮的猫就完美登场了！

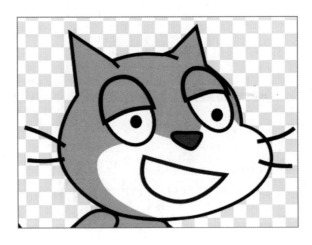

图 2-11

 动手做

1.仿照本节介绍的步骤绘制双眼皮的小猫。

2.使用本节学到的知识,根据自己的喜好,对小猫进行任意改造。例如,改造成海盗小猫、医生小猫、络腮胡子小猫等。

？问问你

在绘图编辑器的画布上方有很多按钮并没有用到,如图 2-12 所示,你能根据字面意思猜出它们都代表什么功能吗? 试试看。

组合　拆散　往前放　往后放　放最前面　放最后面

复制　粘贴　删除

图 2-12

2.2　角色的造型

呱呱喵对喵喵呱怒目而视：“你……你你……喵呜,气死我了！”

喵喵呱很奇怪：“又有什么事情让你这么不开心？”

呱呱喵："你说你是不是盼着我死呀？"

喵喵呱："没有啊！要那样我还救你干什么？"

呱呱喵："切！青蛙跳河还用得着你救？"

喵喵呱一时无语："到底怎么了？"

呱呱喵很委屈："你看，我说我要死了也没有双眼皮的猫管我，你就马上弄了只双眼皮的猫来。你这不是盼着我赶紧死吗？"

喵喵呱语塞，好像还真是这个道理。

呱呱喵越说越来气："我还就不死了！我得多活两天气气你！"

喵喵呱说："那……不死了也挺好的。"

喵喵呱看呱呱喵气鼓鼓的，递了个苹果过去。

"不要！"

换了根香蕉。

"拿走！"

西瓜总可以吧！

"不切开怎么吃？"

对于切西瓜这件事情，Scratch 也是可以完成的。但基本上要分以下步骤：第一步是创建一个西瓜；第二步是创造一个切开的西瓜；第三步是给西瓜角色写上脚本。

呱呱喵："没有吃西瓜的步骤，差评！"

单击新建角色按钮，选择绘制方式，如图 2-13 所示。这表明将使用绘图编辑器来绘制一个新的角色。

在开始绘制之前，记得把角色名称改成"西瓜"，如图 2-14 所示。

图 2-13   图 2-14

喵喵呱："名字是不是可以随便起？"

这里的角色名称确实是随便起的，但养成一个良好的命名习惯，在今后制作一些角色比较多的作品时会方便很多。另外，准确的命名和注释也说明作者是一个做事情比较有条理、干净利索的人。这样别人在阅读你的程序时就比较容易理解你的思路。

喵喵呱："有道理！如果给西瓜起名叫'苹果'，那么没多久就会忘记。这样写的程序自己也看不懂……"

选择椭圆工具 ⬭ ，如图 2-15 所示，调整好填充和轮廓的参数，在画布上绘制一个椭圆。不要在意填充的颜色数值是多少，你觉得西瓜是什么颜色的，就调整成自己认为舒服的颜色。同理，轮廓的设置也是一样的。

使用矩形工具 口 绘制一个和西瓜长度相似的矩形，并选择西瓜花纹的颜色，轮廓设置为 ⟋ ，表示没有，如图 2-16 所示。

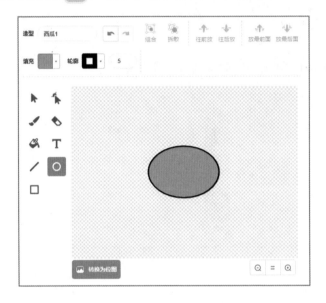

图 2-15

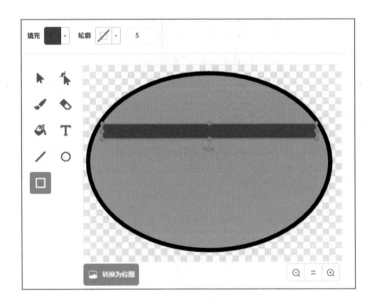

图 2-16

使用变形工具 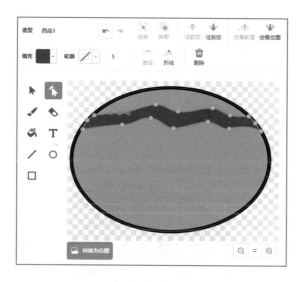 调整矩形为西瓜的纹理，如图2-17所示。注意观察西瓜纹理的造型特点，形状不需要很拘谨，随意一些比较好看。然后多绘制几个矩形，使用同样的方式调节造型，效果如图2-18所示。

图 2-17

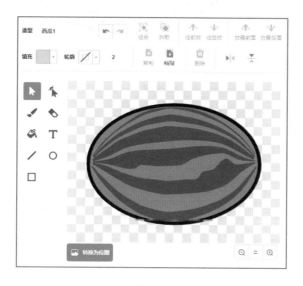

图 2-18

喵喵呱："图 2-18 中怎么不用复制的方法来制作呢？"

这里是根据形状的特点来选择方法的，也可以使用复制方法试一试，然后对比使用哪种方法更适合制作西瓜的纹理。最后使用画笔工具，设置一种稍微亮点的颜色，在西瓜上面绘制出高光部分，让人能感觉出西瓜的质感。一个完美的西瓜就完成了，如图 2-19 所示。

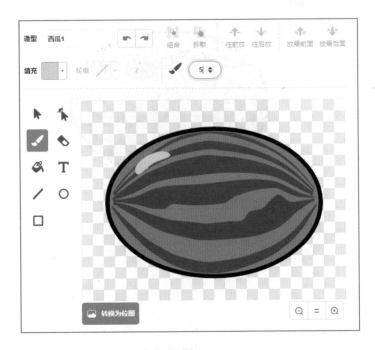

图 2-19

喵喵呱："制作完整的西瓜比较简单，重点是制作切开的西瓜。"

首先在 Scratch 界面左侧选择西瓜 1 造型，单击鼠标右键，在弹出的菜单中选择复制命令，如图 2-20 所示。出现西瓜 2 造型之后，使用选择工具，框选整个画布区域来选择完整的西瓜，按住 Shift 键使西瓜旋转 90 度，使西瓜立置，如图 2-21 所示。

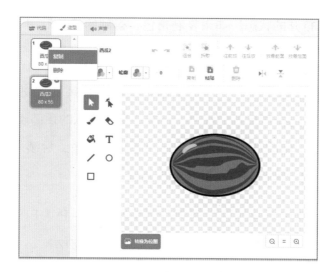

图 2-20

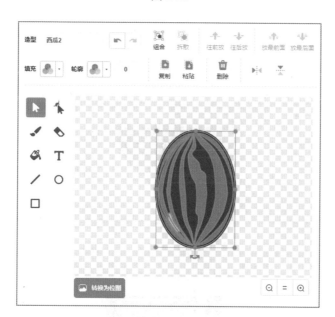

图 2-21

喵喵呱："这里为什么是复制一个造型，而不是复制一个角色呢？"

因为这里要制作的是这个西瓜的两种状态，一个是西瓜正常的状态，

另一个是西瓜打开的状态。如果复制角色，得到的就是另一个西瓜了。

选择橡皮擦工具，设置一个大号的笔刷，如图 2-22 所示，把西瓜擦掉一半，然后就有了如图 2-23 所示的半个西瓜。接下来使用椭圆工具，轮廓不变，颜色选择西瓜瓤的红色，瞄准这半个西瓜的顶部绘制一个椭圆，如图 2-24 所示。椭圆的大小、位置有问题也没关系，后续可以使用选择工具选中后，配合键盘的方向键来进行调整。

复制图 2-24 中新画的这个椭圆，调整轮廓的颜色为白色，并调整其大小，让它比之前画的椭圆刚好小一圈，如图 2-25 所示。

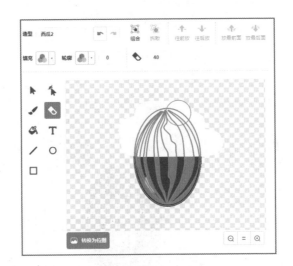

图 2-22

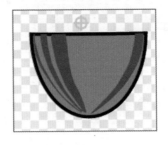

图 2-23

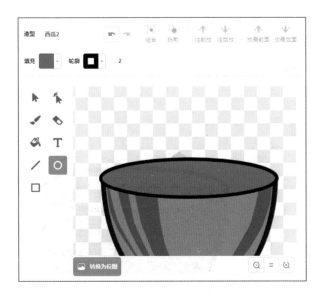

图 2-24

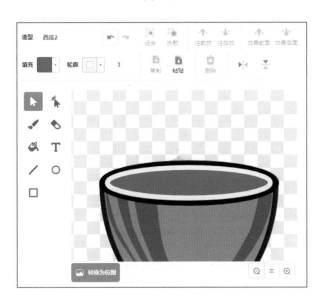

图 2-25

使用笔刷工具在红色椭圆内随机点一些黑点，切好的半个西瓜就制作完成了，如图 2-26 所示。

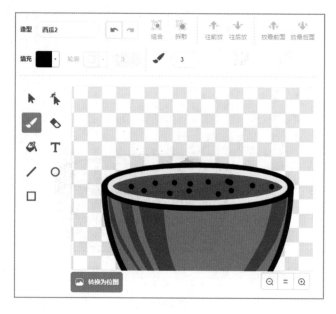

图 2-26

喵喵呱："除西瓜子画得有点潦草外，总体感觉还可以。第三步是写脚本吗？"

西瓜现在有了西瓜 1 和西瓜 2 两个造型，分别是完整的西瓜和切开的西瓜。接下来给西瓜角色写脚本。

和角色造型有关的积木都在"外观"标签下，如图 2-27 所示，其中有两个积木是必须要掌握的，它们是"换成……造型"积木和"下一个造型"积木。

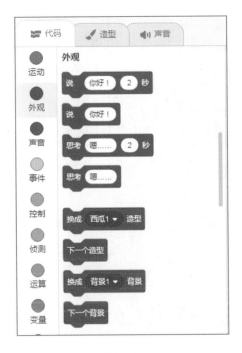

图 2-27

喵喵呱："背景也有两个类似的积木。它们和造型有什么关系吗？"

我们可以把背景理解成一个特殊的角色，每一张背景都是背景角色的造型。这样比较容易理解。知道了这两个积木后，再来决定在什么时候把西瓜切开。

喵喵呱："如果我没猜错的话，这种积木应该在'事件'标签下，如图 2-28 所示。"

聪明！我们从三个积木里挑选一个：当 🏴 被点击、当按下……键、当角色被点击。这里选择的是"当 🏴 被点击"积木和"当角色被点击"积木，如图 2-29 所示，这两个事件分别对应两种造型。这样就实现了在程序启动的时候显示一个完整的西瓜，在西瓜被点击的时候显示切成两半的效果。

图 2-28　　　　　图 2-29

喵喵呱："将'角色被点击'切换到'下一个造型'也很好玩！"

1．仿照本节介绍的步骤制作切西瓜的小程序，可以尝试在背景里绘制和编写程序。

2．本节的小程序仅仅做到了把西瓜切成两半，试着增加西瓜的造型，如成块的西瓜，以及吃过的西瓜。

一般来说，角色的造型都是与角色相关的，例如，西瓜和切开的西瓜、小猫和微笑的小猫，等等。那么，在同一角色不同造型中使用完全不相关的东西是否可以？在什么情况下会用到这种操作呢？

2.3 造型的动画

吃饱喝足，呱呱喵的心情好了一些。

"感谢你的西瓜，尽管这西瓜不是彩虹色的。"

喵喵呱想了半天，想象不出彩虹色的西瓜什么样，但还是很有礼貌地回答："不用谢。"

呱呱喵："为了表示我的谢意，我给你唱首歌吧？"

说完也不等喵喵呱同意，张嘴就唱了起来："许多小动物，在唱着歌~~喵呜，喵呜~~真快乐！"

喵喵呱赶紧捂住呱呱喵的嘴："你别唱了，我听着你喵呜就闹心。"

呱呱喵不满意了："那你来唱一个。"

喵喵呱很为难，一直都觉得自己呱呱的叫声不好听，没练习过唱歌。

"我不会唱歌。"喵喵呱坦白。

"那你出个别的节目。"呱呱喵这次很好说话。

"朗诵吧！"喵喵呱想了想，它觉得猫的朗诵挺好。然后拿出了第1章的朗诵作品放给呱呱喵看。

没想到呱呱喵一蹦三尺高："你这是假唱！不对，还不如假唱呢。"

喵喵呱很茫然："我这是朗诵。"

呱呱喵很生气："人家假唱，起码嘴还在动，你这啥都没动。"

让嘴动起来这件事情其实不难做，但你要明白"动"是怎么回事。人的眼睛看到的影像会暂留一刹那，也就是说，实际图像消失之后，其影像还会暂时停留在眼前，这叫视觉暂留。利用这一原理，在一幅画的影像还没消失前，播放下一幅画的影像，就会给人带来一种"动"的感觉，如图 2-30 所示。

图 2-30

喵喵呱："这个一刹那是多久呢？"

通常来说，人看到的物体形象在 1/24 秒的时间内不会消失，所以每秒播放 24 张以上的连续画面，看起来就是连续的动作。

喵喵呱惊呼："天哪！也就是说，我起码要为猫的嘴巴绘制 24 张画面才有动的感觉吗？"

不是这样的，虽然每秒 24 张画面号称全动画，但实际播放却并不是非常流畅。想要看到流畅的动作，每秒起码需要 25~30 张画面。而要想让所有的人都感觉不到卡顿现象，那就需要每秒 60 张画面。在 Scratch 2.0 中，以每秒 30 张画面来展示动画效果，而在 Scratch 3.0 中，这个数字变成了 60。

喵喵呱："我打算放弃了……"

不要被数据吓倒，动画片的制作通常采用"一拍一"、"一拍二"、"一拍三"这三种常见方式。解释一下，就是每一张画面拍几次，换算一下就是一秒 24 张画面、12 张画面或者 8 张画面。

喵喵呱："那也不少！"

平均每秒 8 张，那只是平均数字，这个数字根据要表现的内容是不断变化的。例如，通常的动作是 8 张，但激烈的动作可能是 24 张，静止画面只要一张就可以。如果是有关对话的画面，一般只要画嘴的小、中、大三个造型，也就是三张画面就可以。

图 2-31

喵喵呱："如果是这样，只需要张嘴和闭嘴两个造型就可以吧？

要求不高的话确实没有问题，而且在 Scratch 中延迟的时间一般控制在 0.1 秒就可以。现在打开第 1 章中猫的朗诵文件，切换到"造型"标签，你会发现这只猫本来就有两个造型，现在删掉一个。在造型缩略图上单击鼠标右键，选择删除，或者单击缩略图右上角的 ⊗ 按钮都可以。然后复制第一个造型。

使用选择工具选中小猫，会发现只能选中小猫的整个头部。这对单独修改嘴的造型造成了不便。仔细观察发现，画布上方的拆散按钮是可用的，说明这种情况是因为小猫整个头部被合成了一个分组，我们只需要单击拆散按钮把分组打散，小猫的嘴部造型就被单独分离出来了，如图 2-32 所示。

图 2-32

喵喵呱："我单击了一次后完全没有效果！"

只要拆散按钮是可用的，就可以一直单击，直到你想要的效果出现。现在把画面放大一些，使用修改工具细微调整一下嘴巴的大小，就像图 2-33 所示的画面这样。

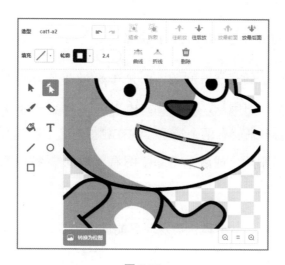

图 2-33

调整满意之后，连续复制两次，复制出第三、四个造型。现在小猫有四个造型，其中造型 2 ~ 造型 4 都是一样的。观察发现下，嘴巴的大、中、小三个造型已经有两个了，也就是大、中造型，现在来调整第三个，也就是小的造型。删掉嘴巴，重新画一条曲线就可以，如图 2-34 所示。

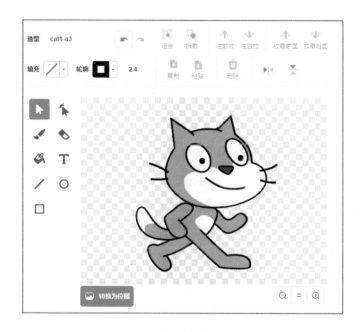

图 2-34

喵喵呱："我很好奇，说好了需要三个造型，你为什么鼓捣出四个来？"

第四个造型其实是一个制作技巧，现在口型动画是以"大、中、小"的顺序来切换的，如果没有第四个造型，动画会以"大、中、小、大……"的顺序循环，出现了"小、大"的衔接跳转，影响了动画的效果。

喵喵呱："有点'烧脑'，我一会儿删掉第四个造型试试。"

挺好，实践出真知。现在造型已经绘制好了，需要连续切换才能播放出运动的感觉。造型切换的时间可以使用"等待……秒"积木  把控，那么你会怎么写小猫的脚本呢？

喵喵呱："简单！按照图 2-35 所示的做就可以。"

图 2-35

你不觉得这样写有问题吗？

喵喵呱："我测试过的，很流畅。"

好吧！这样写虽然没有问题。但你可能还不知道有"重复执行"积木。对编程来说，执行命令有顺序执行、循环执行、条件执行和分支执行等多种方式。之前所做的程序都是以顺序执行的方式来编写的。简单地说，1、2、3、4这种逐一执行命令积木的方式，但是这次出现了1、2、1、2、1、2这样执行的情况，这时使用重复执行1、2的方式可以大大减轻工作量。

喵喵呱："这个积木我找到了，就在'控制'标签下，它是一个半包围结构的积木，是不是把需要重复执行的积木堆砌到它的包围圈里就可以？"

没错，其实"重复执行"相关的积木有三个，分别是重复执行、重复执行……次、重复执行直到……，如图2-36所示。"重复执行"会一直执行下去；"重复执行……次"是给重复执行限定了一个次数，重复到设置的次数之后，继续往下顺序执行。目前，你能弄明白前两个的用法就可以。至于第三个，以后用到的时候再说。

图 2-36

喵喵呱："哎！还卖关子？"

我们的脚本可以这样写（见图2-37）。如果说只让小猫说2秒的话，那就使用计次的重复执行。

喵喵呱：我算算，一次0.1秒，2秒就是20次。

数学还挺好，最后的脚本和效果应该是图2-37所示的样子。

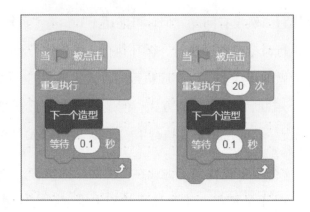

图 2-37

1. 请制作小猫一边眨眼，一边说话的动画效果。

2. 使用造型相关功能制作任一角色，从舞台左面逐渐移动到舞台右面的动画。

这种使用造型逐一变化来做动画的方法叫作逐帧动画。从道理上说，任何动画效果都是逐帧动画制作的。就你目前的认知来说，你认为这种动画制作方式分别有什么优点和缺点呢？

第**3**章

青蛙运动会

喵喵呱和呱呱喵一起走在 Scratch 的世界里，可是呱呱喵一脸的不情愿。

呱呱喵："哎，你说我又没有不满意自己的叫声，你让我跟着你干什么？"

喵喵呱没说话。

呱呱喵也是很无奈："我回我的井下面好好住着，不寻死了还不行？"

喵喵呱还是没说话。

呱呱喵快哭了："你做任何事情我都不拦着你，为啥非得拉着我和你一起受罪呢？"

其实喵喵呱也说不清自己为什么一定要拉着呱呱喵一起走，难道是因为自己在这个陌生的世界里缺少朋友吗？可是这个朋友也太闹腾了。听着呱呱喵唠叨个没完，喵喵呱也很惆怅。

"嗯，我还是不放心它。万一再去自杀怎么办？"喵喵呱默默地想，但还是没有搭理它。

呱呱喵看喵喵呱不说话，心中突然忐忑起来："喵呜，据说猫这种动物很残忍。"想到这里，浑身一突突，"我好像听说过，猫喜欢吃耗子，喜欢吃鱼……天哪！我邻居不是也有鱼吗？"想到这里，呱呱喵慌乱起来，眼珠一转，偷偷瞟了眼喵喵呱，看它还在走神，心一横，撒腿就跑。

喵喵呱一时没反应过来，愣了一下，拔腿追了过去。于是它们一个追，另一个逃，不知跑了多久，也不知跑到了哪里。呱呱喵跑得很卖力，估计这辈子也没有这么卖力地跑过。边跑边抱怨路不好走，于是专拣平坦的地方跑过去，一时间就觉得两腿生风，两边的景色不断变换，前方突然出现了几只青蛙。

3.1 位置和坐标

呱呱喵一怔，稍微停顿了一下，心想：这是干什么？还要拦我不成？正寻思，突然旁边"嘡！"一声巨响，喵喵呱吓得魂飞魄散，什么都不多想了，提高了一倍的速度，拼命地往前冲了过去，把那几只青蛙远远地甩在了身后。

"小样儿！"喵喵呱洋洋自得，"这些青蛙好没'节操'，居然跟猫一伙，幸亏我跑得快。"正窃喜呢！眼前突然出现一条巨大的红绳子，喵喵呱刹腿不及，一头撞了上去，连翻几个跟头后趴在了地上。

呱呱喵摔得只听见耳边雷鸣般的欢呼，就被抬了起来，高高地扔下……

"我是谁？这是哪里？"呱呱喵感觉天旋地转，心中无限凄凉，"这下完了！"

喵喵呱赶到的时候，就看到几只青蛙抬着呱呱喵在欢呼。它赶紧上去拦住："请问，你们抬着我的朋友做什么？""啊？这是您的朋友啊！"青蛙们非常兴奋，"它是我们这次短跑的冠军，打破了蛙界的短跑记录。"

喵喵呱脑袋一时几乎"死机"：呱呱喵什么时候打破蛙界的短跑记录了？ Scratch 的世界里还有短跑？哦，不对，还有短跑运动会？青蛙们的运动会是怎么举办的？

Scratch 的世界里什么都可能出现，当然包括运动会。可是在 Scratch 的世界里跑步有一点特别，那就是要知道自己在哪里。

喵喵呱："这个不算特别吧，在哪里跑步都要知道自己所在的位置。"

每个角色在舞台上都有自己的位置，为了确定角色在平面上的位置，我们先在舞台中间画两条互相垂直并且原点重合的数轴，水平的数轴叫 x 轴或横轴，取向右为正方向，垂直的数轴叫 y 轴或纵轴，取向上为正方向，两轴交点 O 为原点，这样就有了一个平面直角坐标系。舞台的这个平面叫作坐标平面，如图 3-1 所示。有了坐标平面，平面内的点就可以用一个有序实数对来表示。

喵喵呱："那这个实数对需要多大呢？"

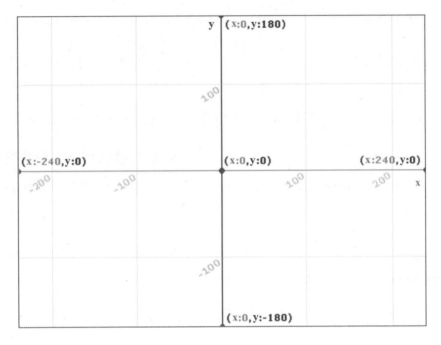

图 3-1

横轴是 -240 到 240，纵轴是 -180 到 180。也就是说，舞台左下角的坐标是（x:-240,y:-180），右上角是（x:240,y:180），中间是（x:0,y:0）。

喵喵呱："那怎么得到这个坐标呢？需要一点点地量吗？"

当然不用，在舞台的下方写着当前选择角色的角色名字和坐标，如图 3-2 所示。例如，现在小猫的坐标就是（x:-100,y:50）。这里可以通过修改数字来改变角色的坐标，也可以使用 移到 x: -150 y: -110 积木设置角色坐标。

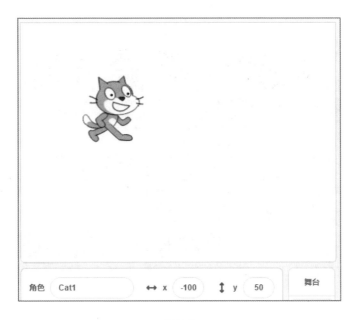

| 角色 | Cat1 | ↔ x | -100 | ↕ y | 50 | 舞台 |

图 3-2

喵喵呱："知道这些后就可以赛跑了吗？"

赛跑需要场地，还需要运动员，下面先布置这些。把鼠标光标放在右下角新建背景按钮上，在弹出的菜单中选择上传背景按钮，如图 3-3 所示。找到素材文件夹下的"赛道 .png"，等待素材上传完成，舞台背景就变成了赛道的模样。调整一下小猫的位置，把小猫放在起跑线上，如图 3-4 所示。

图 3-3

图 3-4

喵喵呱："小猫自己跑吗？"

它自己跑没有气氛，需要给小猫增加一个对手。使用新建角色的"上传"按钮（见图3-5）找到素材下的"青蛙001.jpg"并上传，新建一个青蛙角色。这时候青蛙已经出现在赛道上了，不要着急调整它，找到左下角的新建造型按钮，单击"上传造型"按钮（见图3-6），把剩余的"青蛙002.jpg"到"青蛙006.jpg"依次选中并上传（见图3-7）。完成这些后，把青蛙角色和小猫角色放置在不同赛道的起点上（见图3-8）。

图 3-5　　　　　图 3-6

图 3-7   图 3-8

　　为了保证比赛的公平，观察小猫和青蛙的横轴位置是否一致，确保它们的位置一致后开始编写脚本。首先在"当绿旗被点击"下使用"移到……"积木，保证它们都回到了起点（见图 3-9、图 3-10）。

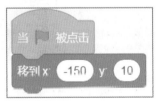

图 3-9   图 3-10

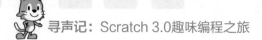

喵喵呱："这段代码运行后没有任何变化！"

本身就是为了保证两个角色每次都能回到起点的代码，它们的位置没有改变的情况下，什么效果都是看不出来的。现在开始让它们跑起来，看看效果。思考一下：跑步改变了角色的哪个坐标呢？

喵喵呱："从这个场景来看，是增加了角色的横轴坐标。"

那就不断增加角色的横轴坐标，让它跑起来。在 Scratch 中可以精确地改变角色横轴坐标的积木有很多，这里推荐使用 将x坐标增加 10 来实现。

喵喵呱："舞台横轴数值一共才 480，直接增加到 480 不就可以一瞬间跑完了？"

那叫瞬移，不能叫跑步。路是一步步走的，需要让大家看到过程。所以要给角色增加每一步的增量。

喵喵呱："明白啦！还是要使用'重复执行'积木来完成，像图 3-11 这样吗？"

图 3-11

如果按照图 3-11 那样，角色是滑行过去的。记得给角色都增加了不同的造型吗？增加"下一个造型"积木来试试（见图 3-12）。

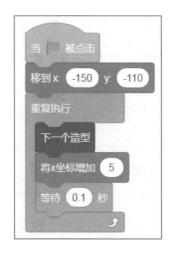

图 3-12

喵喵呱："哈哈，我还记得要加上 0.1 秒的等待。"

同样的脚本，也给另外一个角色写一份。两个角色都是这样的脚本，运行后发现两个运动员始终跑得一样快（见图 3-13 ）。赛跑一般不是这样的。

图 3-13

喵喵呱："这个简单，改变一下其中一个角色的横轴增加的数值就好了。"

结果由自己来操控多没意思，一点悬念都没有。记得"事件"标签下有一个"当按下……按键"积木 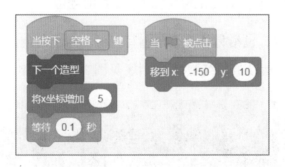 吗？我们就用它手动完成与青蛙赛跑的游戏。

首先把脚本中的"当绿旗被点击"按钮用"当按下……按键"按钮来替换。现在，再单击绿旗的时候，两名运动员就不动了，一直等到按下空格键才开始跑步。不过，还是跑得一样快。没关系，咱们把小猫的脚本改一下，把"重复执行"删掉，把移动到起点的命令还放到"当绿旗被点击"下面，如图 3-14 所示。同理，青蛙的脚本如图 3-15 所示。

图 3-14

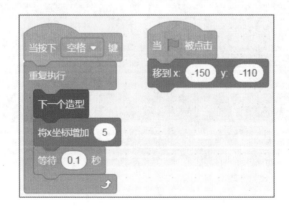

图 3-15

现在你可以使用空格键来控制小猫的步伐了，按一次，它跑一步（见图 3-16）。试一试，青蛙还能追上小猫吗？

图 3-16

 动手做

1. 完成青蛙赛跑的作品，调整改变速度的参数，让其比赛更激烈。

2. 试着根据本节介绍的内容，完成一个跳高或跳远的程序。

问问你

Scratch 只提供了"将 x 坐标增加……"积木，如果要减少 x 坐标的数值，应该用什么积木，该怎么做呢？

3.2 方向和角度——铅球运动员

"跑步嘛！小意思。"呱呱喵的脚刚沾地，还有些站不稳，"就它们运动会这些项目，我就没有不能来的。"

喵喵呱一时很无语，虽然现在它还搞不懂呱呱喵为什么会突然跑起来，但它可以肯定，呱呱喵绝对不是奔着这短跑比赛来的。很大可能是误打误撞得了这个冠军，现在又在这里胡吹。

"我告诉你，下一个项目我要参加的话，我还是冠军。"呱呱喵这个时候很膨胀。

喵喵呱恨不得把它的嘴捂上，这只青蛙不仅看什么都不顺眼，还喜欢吹牛！

"谁告诉我，下一个项目是什么？"

旁边有青蛙听了很激动："下一个项目是链球！"

"什么？链球？"呱呱喵刚有点劲儿的腿又发软了。

链球的规则说起来很简单，就是看谁扔得远，可是由于链球在甩出前需要预摆3到4圈再松手扔出，如果球落在规定的落地区内，成绩才算有效，这能极大地考验运动员身体协调性和在高速旋转中维持身体平衡的能力。对于青蛙这种手臂没什么力气的动物来说，玩链球真的不是一个好选择。

喵喵呱："手臂？不不不，它们用嘴扔……"

在 Scratch 的世界中玩链球起码需要具备三个要素，第一是链球场地，运动员需要在投掷圈里将球扔出去，并且球投掷的方向也需要有标注，一般规定区域是 60 度的范围；第二是运动员，这应该就是一只大嘴巴的青蛙；第三就是链球，它可以被青蛙咬着旋转，并且甩出去。

喵喵呱："好吧，这些都从哪里来呢？"

这些元素的造型都很简单，使用绘图编辑器绘制就可以。如果你不喜欢自己做，本书的素材包里也有提供，直接上传使用即可。如图 3-17 所示，这是链球场地的样子。

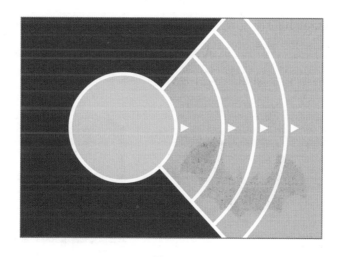

图 3-17

喵喵呱："链球场地就这么简单呀！我觉得我能画得比这个好看。"

再来看图 3-18，这是一只壮硕的青蛙。如果要自己绘制，一定要注意两点：一是青蛙的造型要以从上往下看的角度来画，也就是通常说的俯视图；二是青蛙的脑袋尽量朝正右方绘制。同样，链球的朝向也是如此（见图 3-19）。

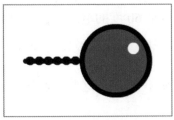

图 3-18   图 3-19

喵喵呱："链球是大头朝右。为什么要这样做？"

这是由 Scratch 的角度设置决定的。默认情况下，角色的正右方被认为是角色的正前方。你可以试试，在舞台上添加"Bat2"这个蝙蝠角色（见图 3-20），然后给它添加如图 3-21 所示的脚本并运行。

图 3-20   图 3-21

喵喵呱："蝙蝠倒着飞走了。"

这就是因为这个角色默认是面朝左的，但是 Scratch 一律以右方向为前方，所以在让角色移动的时候，它就开始倒着飞了。现在让蝙蝠离开，把角色和背景都弄好，在舞台上整理一下它们的位置（见图 3-22）。

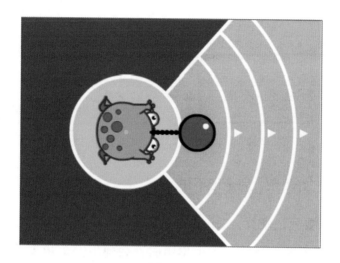

图 3-22

链球运动是需要通过转圈进行预摆的，怎么让链球转动起来呢？Scratch 提供了四个改变角色角度的积木，分别是"左转……度"、"右转……度"、"面向……方向"、"面向……鼠标指针 / 角色"。另外，在舞台的下方可以直接修改角色的角度属性（见图3-23）。

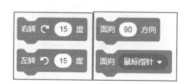

图 3-23

喵喵呱："左转和右转积木非常容易理解，但这个'面向……方向'就不懂了。"

在 Scratch 里，角色的方向用角度表示，正上方为 0 度，顺时针方向的正右方是 90 度，180 度是正下方，逆时针方向的正左方是 -90 度，-180 度也是指正下方。默认角色的 90 度方向也就是正右方为角色的朝向（见图 3-24）。

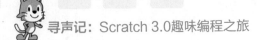

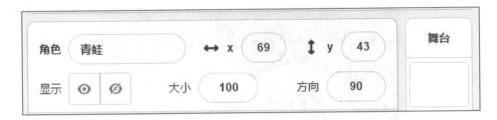

图 3-24

喵喵呱："好复杂，完全记不住……"

这个不需要死记硬背，Scratch 3.0 新增了很多小细节，就像现在这样，你在需要调节角度参数的积木上单击时，会弹出一个角度选择器（见图 3-25），这样，我们就可以非常直观地选择需要的角度。

图 3-25

喵喵呱："明白，那现在可以让链球旋转了吗？"

还有一点需要注意，那就是要设置链球的旋转方式。在"运动"标签下有一个"将旋转方式设为……"积木，其中有三个选项，分别是左右翻转、不可旋转、任意旋转。

- 左右翻转：只允许角色向左和向右两种方向转动。
- 不可旋转：角色只能面向一个方向旋转。
- 任意旋转：允许360度旋转角色。

默认情况下，角色是以"任意旋转"为基准的（见图3-26），但如果出现一些莫名其妙的问题，可以先考虑是不是角色的旋转方式发生了变化。现在可以回忆一下你所知道的知识，试试写下这段脚本。

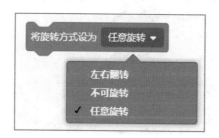

图 3-26

喵喵呱："没有问题，这个类似于刚才蝙蝠移动的脚本，也使用重复执行就可以（见图3-27）。"

图 3-27

脚本看起来是没问题的，但你执行一下试试。

喵喵呱："转动起来了，但怎么是翻滚的感觉（见图3-28）？"

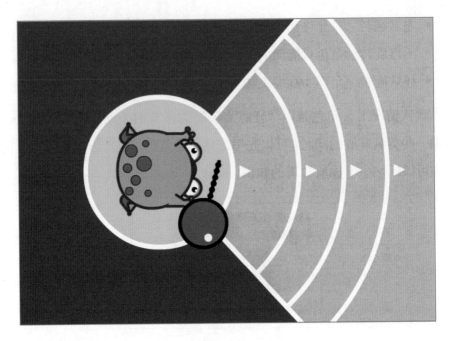

图 3-28

这是由中心点的关系引起的。一个角色的旋转默认是围绕自己的正中心来进行的，有时不需要这样，例如，现在的链球，这时可以通过绘图编辑器来调节其中心点。打开"造型"标签,使用右下角的 ⊕ 按钮放大画布，让自己看得更清楚（见图 3-29）。你会发现画布正中间有一个圆圈和十字交叉的标记 ⊕ ，这就是整个造型的中心点。比 Scratch 2 绘图编辑器中的十字光标好找多了。使用选择工具 ▶ 拖动整个链球往右挪动，离中心点远一点，同时观察舞台上链球的旋转中心，多测试几次，使其大约在青蛙的中心位置（见图 3-30）。

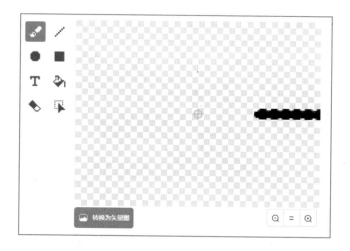

图 3-29

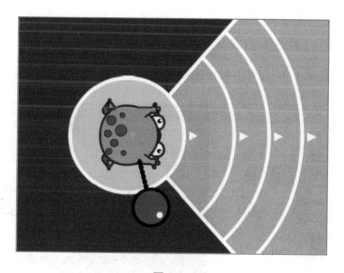

图 3-30

喵喵呱：“哈哈，这样就对了！可是怎么把链球扔出去呢？”

这需要改一下脚本，不能让旋转 直重复执行下去，换成"重复执行直到……"积木给旋转动作加限制。然后想清楚，什么时候把球扔出去？是按下空格键的时候扔，还是转够 3 圈就扔，再或者是单击鼠标就扔？如

果需要按下空格键的时候把链球扔出去,则需要在"侦测"标签下找到"按下……键"积木 ，然后写脚本（见图 3-31）。

图 3-31

喵喵呱："你这样肯定是不对的，这个脚本只是在按下空格键的时候不再旋转了，并没有把球扔出去。"

那好，咱们把功能补全，最后的代码见图 3-32 左图所示，青蛙扔链球的作品就完成了（见图 3-32 右图）。

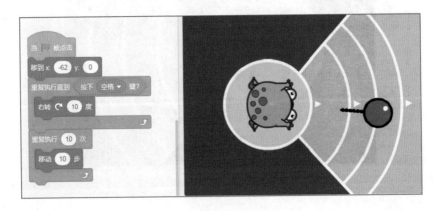

图 3-32

动手做

1.完成青蛙扔链球的作品，并增加造型动画让游戏内容更丰富。

2.把脚本的"重复执行……次"积木替换成"重复执行"积木；找到"运动"标签的  积木，把它放在"移动10步"下面。然后试试会发生什么事情。

问问你

角色的角度在-180度到180度之间，如果给角色的角度设定为270度或者720度，会发生什么事情？

3.3 显示、特效和隐藏——哈哈镜

呱呱喵因为玩链球没玩好，转了好久都停不下来，终于累昏了过去。喵喵呱没办法，只好背着呱呱喵找个地方休息。安顿下来以后，喵喵呱想想这只青蛙什么都看不惯的德性，有点发愁。正郁闷着，有一只看起来年龄很老的青蛙慢悠悠地踱过来，下意识地看了呱呱喵一眼，然后目光再也收不回去了。

这只老青蛙足足看了有十分钟没眨眼，喵喵呱终于忍不住问道："您看什么呢？难道呱呱喵是您的亲戚？"

"不！不！不！"老青蛙连忙摇头，"我是这次运动会的主裁判，听说有人破了短跑记录，过来看一下。"

"哦！"喵喵呱没说什么，但是心里暗暗地想，"你这是看一下吗？足足看了十分钟。"

"这只青蛙有些奇怪。"老青蛙想了想，"我感觉它有些不太正常，你最好带它去看看大夫。"

"可是，Scratch 的世界里有大夫吗？"喵喵呱疑惑地问。

"有是有，就是不太常见。但你可以去哈哈镜那里看看，平时这里的青蛙有什么不舒服的都去那里开心一下，病就好了。"老青蛙很诚恳。

喵喵呱一时无语："还有这种看病的方法？另外，这个世界里还有哈哈镜？"

好的情绪确实对身体康复有作用，这个没错。至于青蛙照镜子，里面的学问还真不少，我们来研究一下其制作原理。

一个角色在舞台上，咱们能清楚地看到它的各种属性，例如，位置、大小、角度，以及是否可见（见图 3-33）。而这些属性除了可以在舞台下方直接修改，还可以通过相应的积木来控制。

图 3-33

喵喵呱："哈哈,这些'响应积木'都在'运动'标签下,我基本上都认识。"

这可不一定,例如,角色的"显示"和"大小"属性在"运动"标签下就找不到,都在"外观"标签下,例如,显示和隐藏积木。

喵喵呱："'显示'和'隐藏'这两个图标很好理解,一个是显示,另一个是隐藏。但大小为 100 又是怎么回事?"

这个数值其实表示的是百分比。例如,100 就是百分之百的大小,即原大小,如果设为 90,就是原大小的百分之九十。对于角色大小的设置,也有两个相关的积木,那就是"将大小增加……"和"将大小设为……"(见图 3-34)。

图 3-34

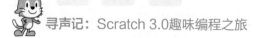

喵喵呱："这些我知道了，可是跟我们做哈哈镜有什么关系吗？"

当然有关系，一般哈哈镜的功能是什么？

喵喵呱："放大、缩小、变形……"

没错！还是老办法，先来考虑这个作品有什么角色？首先想到的是青蛙和哈哈镜，其实主角不是青蛙，也不是哈哈镜，而是青蛙照镜子出现的影子。因为青蛙和哈哈镜在这个作品中没有任何动作，所以把它们放在了一起（见图3-35）。

图 3-35

喵喵呱："镜子后面怎么是空的？"

那是青蛙影子的位置。现在把青蛙的影子放上去（见图3-36），我们需要的两个角色就齐了。

喵喵呱："这不行吧？青蛙的影子怎么是这个形状（见图3-36）？"

图 3-36

照镜子的时候，镜子里的镜像是根据镜子的形状决定的，青蛙图片的形状明显不符合。解决方法很简单，从角色区域中选中青蛙和镜子角色，双击 积木，调整两张图片的上下顺序，让青蛙的影子正好在镜子的后面就可以。

喵喵呱："这里的两个积木使用很方便（见图 3-37），以前我都是通过拖动角色来调整角色的上下层位置，结果总是弄得乱七八糟的。"

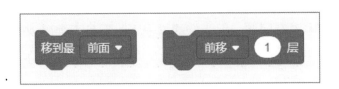

图 3-37

好用的积木还有很多，你慢慢学习就是了。下面按下键盘的方向键，控制影子角色的大小，实现哈哈镜的效果。

喵喵呱："这个由我来完成！给影子角色写上这样的脚本就可以（见图 3-38）。把'按下……键'的空格键换一下就是了（见图 3-39）。"

图 3-38

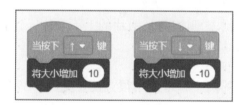

图 3-39

挺好！脚本没有问题，但最好测试一下，看是否会出现一些意想不到的情况？

喵喵呱："能有什么情况？啊？！果然，青蛙变小的时候穿帮了（见图 3-40）。"

图 3-40

其实解决办法非常简单，你看看青蛙影子的背景颜色是什么？然后在绘图编辑器里使用填充工具，把舞台的背景颜色换成和它一样的颜色就可以（见图 3-41）。

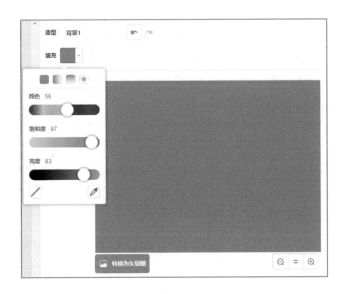

图 3-41

喵喵呱："咦？这样果然就可以了（见图 3-42）。看来有问题不能只在代码上想办法，换种思路也可以很方便地解决问题。"

图 3-42

现在放大或缩小的哈哈镜已经没有问题了，不过 Scratch 世界里的哈哈镜可不仅仅只有这一点功能。如果你来做哈哈镜的作品，你还能想起什么样的功能呢？

喵喵呱："有放大、缩小。嗯，位置变换和旋转也可以实现，还有刚才的显示和隐藏，也可以做成哈哈镜的功能吧？"

很全面，但这些还不够，因为太少了。下面介绍一组新的积木——图形特效积木（见图 3-43）。利用它，可以制作出很多新功能的哈哈镜。

喵喵呱："只有三个积木能实现很多效果？"

图形特效积木其实有 7 种，打开参数的下拉列表就可以看到（见图3-44），分别是颜色、鱼眼、漩涡、像素化、马赛克、亮度和虚像。

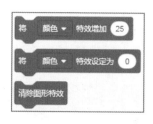

图 3-43　　　　　　　　　　　　　　图 3-44

- 颜色：改变角色或背景的颜色。
- 鱼眼：角色或背景像鱼眼镜头拍摄一样发生畸变。
- 漩涡：旋转扭曲角色或舞台的 部分。
- 像素化：以低分辨率的方式显示角色或舞台背景。
- 马赛克：创建一个由多个角色或背景构成的图像。
- 亮度：增加或减少图像的亮度。
- 虚像：改变角色或背景的透明度。

以上 7 种特效的效果如图 3-45 所示。

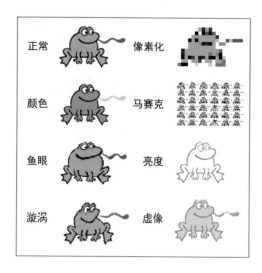

图 3-45

喵喵呱："那也只有 7 种，距离'很多'这个形容词还有差距呀？"

图形特效是可以混合使用的，例如，像图 3-46 这样，把颜色特效和鱼眼特效混合使用，两种特效就会同时出现（见图 3-47）。

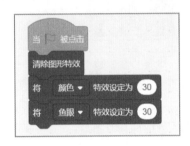

图 3-46

图 3-47

喵喵呱："哇，那这么算，确实可以说是很多效果了。"

最后完成咱们的作品，在按下方向键的时候，实现哈哈镜的效果；按下空格键时，恢复正常（见图 3-48）。快来试一下吧！

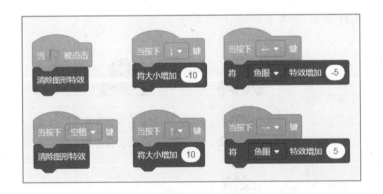

图 3-48

1. 更改脚本，完成 5 种不同效果的哈哈镜作品。

2. 利用图形特效制作一些特效动画效果，例如，渐隐效果。参考代码块如图 3-49 所示。

图 3-49

问问你

图形特效的数值范围在 0~100 之间。当大于 100 的时候，图形特效还有没有作用？会出现什么效果？

第**4**章

天下第一楼

哈哈镜做好后，喵喵呱很开心地把哈哈镜拿给呱呱喵看，呱呱喵却吓得面无血色，手足无措，连声大喊："拿走！拿走！这是什么怪东西！"声嘶力竭之下，呱呱喵又昏了过去。

这让喵喵呱非常奇怪：怎么会害怕这个？这让喵喵呱越想越不对劲，赶紧又找到老青蛙问个清楚。

知道了呱呱喵的症状后，老青蛙沉默了半天，悠悠地答道："呱呱喵是不是看什么都不顺眼？任何事情都想发牢骚？"

"对。"喵喵呱连连点头。

"胆小如鼠，疑神疑鬼，没什么本事，还喜欢胡吹？"

"好像就是这样。"喵喵呱觉得这简直神了。

"果然没错。"老青蛙觉得很有把握，"这是本世纪十大疑难杂症之一——杠精入体！几乎没得治！"

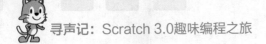

"啊？！"喵喵呱顿时有点懵，"我听说过感冒、发烧、拉肚子，怎么还有'杠精入体'病？"

老青蛙看喵喵呱不理解，连忙解释道："这世间的动物多了，事情多了，不满也就多了；这不满无色无味，慢慢聚集在一起，形成一股浊气，称为'怨气'；时间久了，'怨气'吸收日月精华天地之灵气，又会生出一种东西，这个东西也就和花生米差不多大，但说植物不是植物，说动物不是动物，没有枝叶，也没有四肢，会伺机钻到动物肚子里大吃大喝，影响动物的心智。"

喵喵呱大吃一惊，这个好像听老师讲过："这不是寄生虫吗？"

老青蛙没有听说过寄生虫，但想了想，感觉也贴切。"寄生虫这名字也挺好。"顿了顿又说，"但我们这里把它叫作杠精。因为被感染的动物会非常喜欢抬杠，看什么都不如意。"

喵喵呱听到这里，突然心中一紧，赶忙问道："那感染杠精的动物会不会发出另类的声音？例如，让青蛙发出猫叫声。"

老青蛙笑了："改变青蛙的叫声吗？我活那么大还没听说过。不过能发声的虫子也有，叫作'应声虫'。"

喵喵呱忙摇头，心中又有点失望，还以为找到了影响自己发声的病根了。问道："那么，杠精这种寄生虫有办法治疗吗？"

4.1 条件和判断——上楼梯

喵喵呱带着呱呱喵在赶路，尽管呱呱喵有诸多不满，但是在喵喵呱拿出猫的威严之后，它没说什么废话就屈从了。这种病对胆量的影响还是让喵喵呱满意的。

"脚已经走痛了！"呱呱喵又在抱怨。

喵喵呱没有说话，默默地拿出哈哈镜。

"好像又没那么痛了，咱们走吧！"呱呱喵突然有了精神。

喵喵呱收起了镜子，带着呱呱喵继续前行。心里也是不断叫苦，老青蛙说前方不远处就有一个很"伟大"的地方，为什么还没到？心里默默回想了一下老青蛙的话。

"那个地方是 Scratch 世界中最神奇的地方，有最好的医生、最好的画家、最好的音乐家……"老青蛙眼睛里浮现出无限的憧憬，"也有最好的厨子和最好吃的虫子！"

"可惜，这个地方我也就在年轻的时候去过一次。"老青蛙很诚恳，"这种病很棘手，我也不知道怎么治疗，但那里肯定能找到办法。你带你的朋友去碰碰运气吧！"

"就是这样的！"想到这里，喵喵呱突然一拍大腿，"肯定不好找！不然它为什么这辈子只去过一次？"

"哇！楼梯！"呱呱喵突然大喊，喵喵呱被吓了一跳，赶紧收回思绪，往前看去。

通天的阶梯出现在了它们的面前。

在 Scratch 中实现上楼梯的动作不是一件简单的事情，最起码需要懂得两个动作的制作方法：一是走，二是跳。前面已经制作过走路了，但有些问题——走路是需要控制的，用什么控制？控制到什么程度？没有详细

介绍；至于跳，怎么来控制？跳多高？

喵喵呱："我先回忆一下怎么实现跑的动作（见图 4-1）。"

图 4-1

图 4-1 是一个让小猫自己跑的程序，现在写脚本控制它的运动，可以怎么做?

喵喵呱："可以使用'重复执行直到……'积木来实现,就像图 4-2 一样,小猫在按下空格键时就开始奔跑，按下向上方向键的时候就停止。"

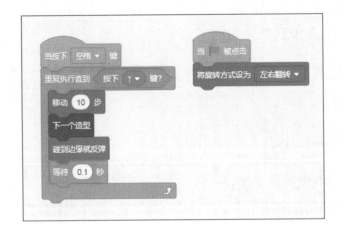

图 4-2

这种方式实现了控制，但需要两个按键，稍微有一点麻烦。能做到按下某一个按键就开始跑，松开就停止吗？

喵喵呱："这个好像比较复杂。"

记得前面说过，程序的运行方式分为顺序执行、循环执行、条件执行和分支执行，其中条件执行就是在满足某个条件的时候才会去执行命令，这需要用到"如果……那么"积木（见图 4-3）；分支执行和条件执行类似，但使用"如果……否则……"积木来实现在条件不成立时，才会执行另外的命令。

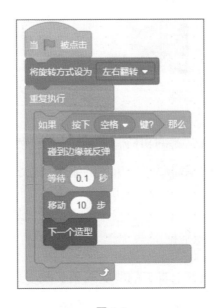

图 4-3

图 4-3 所示的脚本使用了条件执行，可以实现按下空格键就跑，松开空格键就停的效果。能否稍加修改，实现按下空格键往左走，松开就往右走的效果呢？

喵喵呱："用分支执行的方法就可以（见图 4-4）。"

图 4-4

非常好！现在实现了跑的功能，下面继续实现跳跃功能。思考一下：在舞台上实现跳跃的效果需要改变角色的哪个属性？该属性的变化过程是怎样的？

喵喵呱："应该是纵坐标。"

如果只是实现角色直上直下的跳跃效果，改变纵坐标就够了。但如果要实现角色在跳跃过程中继续前行，其横坐标也要随之改变。跳起之后，记得要让角色落下，也就是还原其纵坐标，否则给人的感觉不是跳跃，而是飞行。这里是改变角色坐标的四个积木（见图 4-5），可以使用它们来制作小猫来回跑动时，按下空格键会跳起的功能。

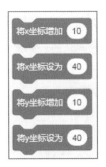

图 4-5

喵喵呱："我这么写对吗（见图 4-6）？为什么感觉动作很僵硬？"

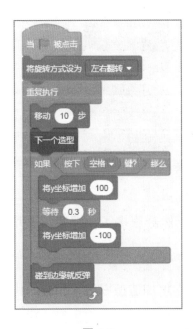

图 4-6

思路和代码都没有问题，只是有一点要注意，动画的进行是有过程的，角色非常突然地出现在一个位置，那不像是跳过去的，而是瞬间转移。我们只需要利用自己所学的知识丰富一下细节，跳跃的僵硬感就会消失（见图 4-7）。

图 4-7

喵喵呱："看起来果然舒服多了，那我再去增加一个跳跃时的造型，效果是不是更好？"

效果肯定会变好，但增加造型以后，相应的代码也会有一些变化，自己可试试。总之，配合条件执行和分支执行，这种玩法会有很多种，你可以发挥自己的想象来制作。

 动手做

实现用左右方向键分别控制小猫的左右移动，向上方向键控制小猫的跳跃，向下方向键实现小猫的卧倒。

 问问你

为什么本节的脚本中要把"如果……"这种判断执行的代码放到重复执行里？

4.2 侦测和碰撞——下楼梯

"加油！"喵喵呱已经没有力气去吓唬呱呱喵了，拖着它一步一步地往上挪。这个阶梯不知道有多长，它们就这么走了一天一夜，还是看不到头。

"我不行了！"呱呱喵肚皮朝天，四肢摊开，任凭喵喵呱像拖死猪一样往上拉着，脑袋不断地碰在石头阶梯上，碰得头昏脑涨，还没有力气喊疼。"我说，你还是把我吃了吧！鱼好吃，青蛙的味道应该也不错。"呱呱喵难得说点好话，不过听起来好凄惨。

"你……你给我闭嘴！"喵喵呱几乎绝望了，但是嘴上还是劝着呱呱喵，"你要挺住！坚持到上面，上面肯定是天下第一楼了。上面……"喵喵呱想了想，补充道，"那是 Scratch 世界中最神奇的地方，有最好的医生、最好的画家、最好的音乐家……还有……"喵喵呱咽了下口水，"有最好的厨子和最好吃的鱼。呃，不是鱼，是虫子！"

呱呱喵几乎昏厥了，嘴里依然念念不忘地发着牢骚："别扯了！哪有

饭店在开那么高的地方？你……慢点，我睡会……"

"别！别睡！咱们……咱们到了！"喵喵呱突然大叫，三步并两步，拽着呱呱喵就往上跑。

"慢点，都碰出血了。"尽管不满，呱呱喵的语气里还是透着喜悦。

然后，它们一起怔在了那里：上阶梯的尽头是一望无际的下阶梯！

下楼梯是一件奇妙的事情，其中有一点很关键：猫怎么会知道自己站在楼梯上？

喵喵呱："猫又不傻，还能不知道？"

Scratch 的世界里，如果不告诉一个角色要怎么做，它就只会在舞台的角落里默默地呆着。所以需要有积木来告诉它发生了什么，要怎么做？例如，以前用过的"按下……键"积木 <kbd>按下 空格▼ 键?</kbd> 、"按下鼠标？"积木 <kbd>按下鼠标?</kbd> 等，都是用于告诉程序事情是否发生，只不过一个是告诉程序是否按下了按键，另一个是告诉程序是否按下了鼠标。这时程序会根据情况来做一些决定，这个获取状态的过程叫作"侦测"。

喵喵呱："那么，哪些积木可以侦测猫在楼梯上呢？"

"侦测"标签下的前三个积木都可以（见图 4-8），"碰到鼠标指针"积木可以检测当前角色是否碰到了指定的角色、鼠标指针或边缘。"碰到颜色"积木可以检测当前角色是否碰到了舞台中指定的颜色；"颜色……碰到……"积木可以检测当前角色的某种颜色区域是否触碰到舞台中的某种颜色。

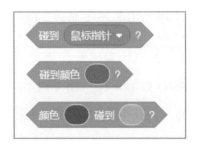

图 4-8

喵喵呱："等等，明明是碰到鼠标指针和边缘！"

这就是 Scratch 智能的地方，当这个积木在舞台上只有一个角色的时候，只有两个参数可以选择，就是"鼠标指针"和"舞台边缘"。如果舞台上出现了第二个角色，这里才会有第三个选项，就是角色的名字可以选择。

喵喵呱："那下楼梯应该用哪个呢？"

要根据具体的情况来选择，例如，如图 4-9 所示的两种楼梯，一种是纯红色的，可以使用"碰到颜色……"积木来制作，另一种颜色并不是纯色的，可以考虑使用"碰到……角色"积木来实现。

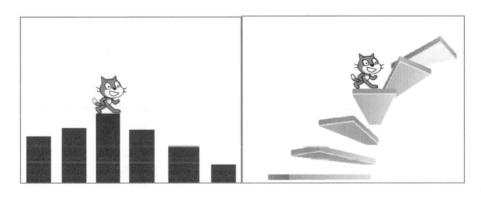

图 4-9

喵喵呱："我看图 4-9 中右边的楼梯都是蓝色的呀？"

在 Scratch 的世界里，不要认为"看起来差不多"的就是一种颜色，一切以数值为标准。例如，如图 4-10、图 4-11 所示的两种红色，绝大部分人以肉眼是分不出来的。但在电脑看来，它就是两种颜色。

图 4-10   图 4-11

喵喵呱："即便这两种颜色的数值不同，我看起来仍是红色的，而且有时候 Scratch 也都认为是红色的。"

因为颜色太准确的话，积木使用起来会很不方便，正常情况下，图片素材中两种完全相同的颜色同时出现的很少。所以，在实际应用的时候，Scratch 会有一个"容差"机制，对于非常相近的颜色，它会认为是相同的颜色。但这个容差非常小，小到可以忽略不计。

喵喵呱："这个听起来有点晕，咱们还是来研究楼梯的事情吧！"

楼梯的制作其实和前面介绍的行走、跳跃动作的制作没有太大的不同，只是多了一个条件让角色去侦测，那就是需要考虑脚下有没有楼梯。有楼梯的时候，角色就站在那里，如果没有楼梯，角色会怎样？

喵喵呱："这还用问吗？当然是摔下去！"

那就先来实现侦测不到楼梯就摔下去的效果。以红色的楼梯为例，如果角色遇到了红色，则什么都不做；如果没有遇到红色，就不断下降（见图4-12）。

图 4-12

喵喵呱："小猫慢慢下降，落到了楼梯上。"

图4-12中的参数"-1"太小，所以小猫下降得比较慢，可以增加数值看设置多大时，小猫下落会比较舒服。然后补全小猫行走的代码（见图4-13），单击运行测试，发现小猫可以顺利地一阶阶下楼梯了。

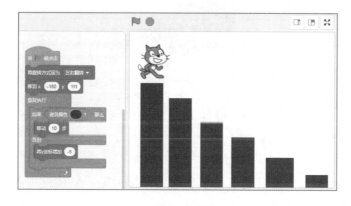

图 4-13

现在小猫的行走动作不受控制，下面使用按键控制它。还记得前面介绍的控制行走的内容吗？直接把那段代码放在重复执行里，最终如图 4-14 所示。

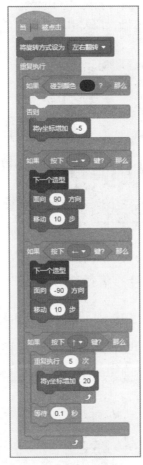

图 4-14

喵喵呱："好复杂。咦？好像和前面的代码不太一样，你怎么把跳起之后落下的那段脚本删掉了？

如果不删掉，小猫跳起来是不会落到楼梯上的。其实这段代码很好玩，把它们放到不同的位置，程序的规则会发生变化。可以尝试一下。

动手做

1. 分别尝试使用三种不同的侦测积木来完成本节例子。

2. 利用提供的素材设计小猫跳跃的游戏（见图 4-15）。

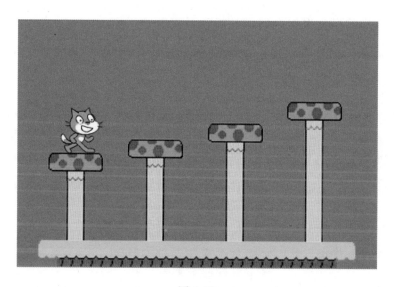

图 4-15

问问你

本节一直研究的是静止的楼梯，可是在很多冒险游戏中，角色会踩到一些活动的地方，这种楼梯会不断变换位置，角色也会跟随楼梯发生变化，思考怎么实现？

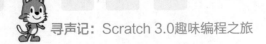

4.3 消息的传递——坐电梯

下阶梯的尽头果然来到了一座摩天大厦的门前。抬头看去，这座大厦直插云霄，一眼看不到顶。在不远处，一块小巧的箭头指示牌直指大厦，上面写着"天下第一楼"。

没有欢呼，没有激动，呱呱喵和喵喵呱大眼瞪小眼，发呆了两分钟。

呱呱喵很忐忑地说："你说天下第一楼这么高，里面的楼梯会比刚才的还要长吧？"

"有道理！"喵喵呱赶忙点头，这两天爬楼梯可是怕了，"咱们做好准备吧！干粮、帐篷、水，还有什么需要的赶紧想想。"

呱呱喵非常赞同："那我要的还有很多，面膜、好看的衣服、痱子粉……"它拿出了小本，一项项地列举起来。

好在 Scratch 的世界里弄这些东西也方便，它们各自打了像小山坡一样的一个包袱，吃饱喝足后睡了一觉，养足了精神一起走进大厦。

大厦的一楼很漂亮，然而空无一人。正对着大门有一扇金属门，门上有个按钮，还有数字灯不断闪烁，喵喵呱和呱呱喵凑上前去疑惑地看了好久，喵喵呱突然捶胸顿足起来："我就知道，这么高的大厦怎么可能没有这个东西？"

呱呱喵没见过世面，疑惑地问："这是什么？"

"电梯！"

电梯是很神奇的一种工具，我们想去哪层楼，按下相应楼层的数字按钮就可以。现实中的电梯逻辑非常强大，但如果使用 Scratch 来实现，不需要太多代码就可以实现基本的功能。

喵喵呱："这一点我不太明白，一直以来，我制作的东西都是角色对自己进行操作。例如，点击猫改变猫的动作，或者点击青蛙改变青蛙的动作。但很明显，这样制作电梯，不太可行。"

当然需要一点新的知识才可以！ Scratch 程序可以包含多个角色，而这些角色又可能包含多个脚本，要协调这些脚本的执行，就需要使用广播消息的功能。

喵喵呱："消息？ 和短信或者微信差不多吗？"

这么理解也可以。不同的是，短信是群发的，每个人都会收到。广播消息也是一样的，它的功能主要有两种，一种是发送消息，另一种是接受消息，主要通过三个积木来实现（见图 4-16）。

图 4-16

图 4-16 中，"广播消息"和"广播消息并等待"这两个积木的作用是向程序内的所有角色发送广播消息。单击积木后面的三角符号，弹出下拉列表选择要发送的信息。如果列表里没有需要发送的消息，就单击最后一项"新消息…"创建一个。消息的名称可以随意，但尽量能代表其功能，这样会使下面的程序编写比较清楚。

"广播……"积木可以发送广播消息，发送后继续执行该积木之后的脚本。

"广播……并等待"积木发送广播消息后，会等待所有接收该广播消息的脚本全部执行完成后，才继续向下执行。也就是说，该积木发出消息后会等着，确定接收对象听到后，把该做的都做完了，才继续执行下面的脚本。

喵喵呱："感觉这个积木挺好，但使用时要谨慎。例如，你发第一个消息说'吃饭'，我很开心地吃完了，这时又收到第二条说'少吃点'……"

"当接收到……消息"积木用来处理角色接收到消息之后的反应。是接收广播消息的启动，可以使脚本在接收到特定消息后开始执行。这只是个触发执行命令的条件，一般接收到什么消息后做什么，当然，也可以接收到什么消息后停止做什么。

喵喵呱："这个积木的造型好像很别致，和 差不多。"

你观察得还真仔细！这种顶部是圆弧或曲线、底部有凸起的命令积木，说明这种类型的命令积木只能放置到其他命令积木的上面，可以启动命令积木响应对应的事件，例如 。包含启动命令积木的命令积木组可以对这类事件做出反应，当检测到事件发生后会运行启动命令积木下方拼接的所有的命令积木。另外，这类积木在 Scratch 项目没有运行的时候也会起作用，就是在 📕 没有按下的时候，如果脚本里包含 当按下 空格▼ 键 积木，这时空格键也是起作用的。

喵喵呱："那么电梯用哪个呢？"

咱们应该先把电梯的元素都搭建好，然后写脚本。使用提供的素材把所有的元素按照图示摆好（见图 4-17）。在这个过程中注意先后次序，随时使用调整层次的积木来调整。

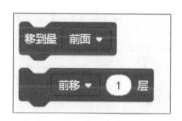

图 4-17

喵喵呱："怎么还有四张舞台背景呢？（见图 4-18）"

图 4-18

　　舞台背景表现的内容就是电梯门打开后的风景（见图 4-19），确保每一层电梯打开的风景不一样即可，但因为是透过电梯门看到的，所以图片的位置也有一些变化。考虑一下：舞台上现在都有什么角色，分别承担了什么任务？换言之，它们的功能是什么？

图 4-19

喵喵呱："我回忆一下电梯运行的流程，按下相应楼层的按钮后，电梯门关上，运转之后，电梯门打开，到达相应楼层"。

那就从按下楼层按钮以后，电梯门关上，然后打开这个功能开始制作。选中楼层按钮的角色，给它写上在单击时广播'关门'这个消息的脚本（见图 4-20）。

图 4-20

喵喵呱："广播里根本没有'关门'这个消息呀？"

这需要自己新建，单击"新消息"选项，就会弹出"新消息"对话框（见图4-21），输入消息的名字就可以。这时再给其他按钮写脚本，就有"关门"的消息可用了。

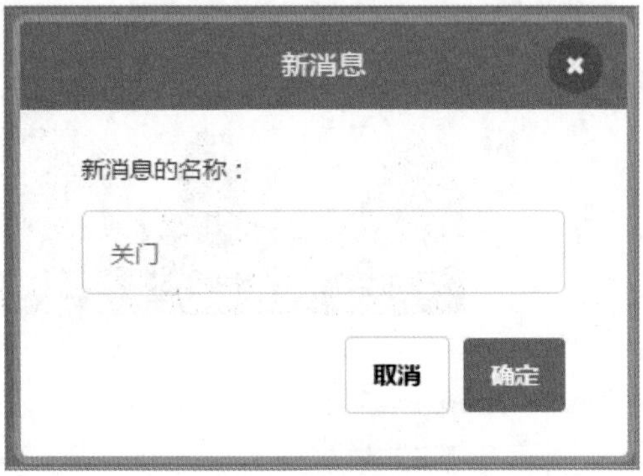

图 4-21

喵喵呱："四个按钮我都弄好了！但什么都没有发生。"

肯定不会发生什么，因为现在没人知道这个消息是干什么的。现在把"关门"的消息广播出去，谁应该有反应呢？

喵喵呱："那肯定是电梯门有反应"。

电梯门有两扇，也就是说，它们都要对这个"关门"的消息有表示。

喵喵呱："门现在就是关着的。"

那很好！这个"表示"就是恢复成现在关门的状态，用一秒钟时间让它来到现在的位置上，就实现了关门的效果。现在两扇门的代码分别如图4-22、图4-23所示，每个人摆放门的位置可能有偏差，出现的数值不同是正常的。

图 4-22

图 4-23

关门后，现在电梯开始运转，运转后电梯门再次打开，这时风景已经换了。也就是说，在电梯门关上之后，需要切换一下舞台背景，切换到你想要的楼层背景。这样就需要给四个按钮分别新建不同的消息，并命名为"一楼"、"二楼"、"三楼"、"四楼"（见图 4-24）。

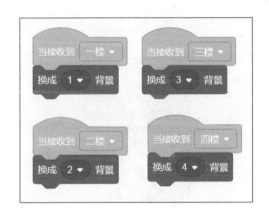

图 4-24

喵喵呱："这时需要舞台'表示'了,是不是应该去做'开门'的动作了？"

道理上是这样的，但现在有一点问题。切换背景时，是否需要等到门关上之后再切换？

喵喵呱："明白了！这里不能用'广播……'积木，要用'广播……并等待'积木（见图 4-25）。"

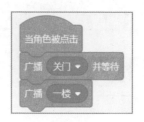

图 4-25

换完背景后就要开门了，不过一般的电梯在电梯门关上之后，换个楼层是否需要一点时间？

喵喵呱："对！就是到达楼层之后，电梯需要停顿一下才打开门。"

那就加上"等待"，再来广播"开门"的消息（见图 4-26）。

图 4-26

喵喵呱："开门的代码我来写（见图 4-27、图 4-28），这样一个电梯的运行程序就完成了。"

图 4-27

图 4-28

继续完善一下吧，增加一点细节（见图4-29）。例如，小猫现在还没有动作，电梯到达相应楼层后，可以让它报数。

图 4-29

動手做

1. 制作并完善本节的例子，自己设计并增加一些小细节。例如，在电梯运行过程中，猫和电梯的动作变化，以及如何表示当前在第几层？

2. 利用提供的素材制作一台能遥控换台的电视机（见图4-30）。要求：按下旋钮的时候，旋钮旋转，电视机的内容有相应变化。

图 4-30

　　以"广播"这种一对多的形式发送消息时，Scratch 为什么不能提供一对一的消息传递？

第 5 章

数字化画家

进入电梯后，喵喵呱和呱呱喵发愁了：来的时候也不问问看病的大夫在几楼呢？看着眼前密密麻麻的按钮，一时不知道如何是好。

"随便按一层试试吧？"考虑了半天，喵喵呱提议道。

"一层一层地往上走吧。"呱呱喵看起来心情很好，第一次坐电梯居然一点不害怕。

"也行。"喵喵呱按下了二楼的按钮。

随着一阵巨大的轰鸣声，电梯运转起来，"嗖！"的一声拔地而起，并拼命往上冲。随之而来的是巨大的压力，让它们直接坐在了地上。

"啊？上个二楼也至于这样吗？"喵喵呱有点迷惘，按这种速度，都往上走半分钟了，为什么还没有停下来的意思？低头看呱呱喵，第一次坐电梯的青蛙早已经吓瘫在了地上。

"坐电梯这么可怕！以后咱们还是爬楼梯吧！"呱呱喵几乎要哭了出来。

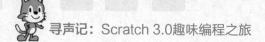

谢天谢地，五分钟后，电梯缓了下来，慢慢地停下了，"叮当！"一声打开了电梯门。呱呱喵不管三七二十一，门一开就往外跳。

"你们是干什么的？"这时一个高大的黑影出现在了门口，拦住了呱呱喵。

5.1 绘画记事簿

"快让开！好狗不挡道！"呱呱喵被电梯吓得不轻，现在谁挡道都想跟谁拼命。

"咦？你怎么知道我是狗？"黑大个很诧异。这句话居然让呱呱喵无话可说，它只是往里挤了挤，先从电梯里出来。

"您好！我们是来治病的。"喵喵呱赶紧出来打圆场，"请问您是大夫吗？"

"大夫？我不是。"黑大个摇摇头，"我是天下第一楼的保安，请问您是来看什么病的？"

喵喵呱很纳闷："保安不应该在一楼吗？为什么在二楼出现？"

黑大个很不好意思地说："其实这里是第200层，按照天下第一楼的规章制度，您进入电梯后，按任意键都会先送到这里来的。"

"哦，是这样……"喵喵呱赶紧把到这里来的原因一五一十地说了出来，完全没理会呱呱喵在旁边大叫："我才不在乎什么杠精寄生虫呢！"

黑大个也看出来正主儿是喵喵呱，也不介意呱呱喵的聒噪，想了想，很诚恳地说："这里的大夫是有不少，但是能看这种病的大夫我还没听说过。这样，您先登个记吧！"说完，拿出来一个登记簿。

喵喵呱忙说："这个应该。"接过登记簿一看，这保安有点意思，这登记簿也很特殊！

登记簿看起来很平常，一个本子加一支铅笔，但是本子旁边有三块颜色，你用铅笔在颜色块上点一下，铅笔的颜色就换成了对应的颜色。这是怎么实现的呢？

还记得 Scratch 的扩展里有个"画笔"模块吗？这个记事簿就是使用它制作出来的。

喵喵呱："和绘图编辑器没有关系吗？"

画笔模块和绘图编辑器是不同的，绘图编辑器需要自己动手画出东西，但是画笔模块是使用程序来绘制的。如果你足够强大，就可以使用画笔模块重新制作出一个绘图编辑器。下面看看画笔模块都包括哪些内容。

1. 落笔和抬笔

与在现实中绘画一样，使用画笔模块时，每画一笔也需要"落笔"、"运笔"和"抬笔"三个动作来完成。对于落笔和抬笔，Scratch 提供了积木，运笔就需要使用角色的移动来实现。例如，在如图 5-1 所示的例中可以完成你的第一幅绘画作品———一段简单的直线。图中的小猫那么大，可是画出的线条却那么细，这说明画笔的粗细跟角色的关系不大。该怎么设置呢？Scratch 提供了专门的积木来完成这件事。

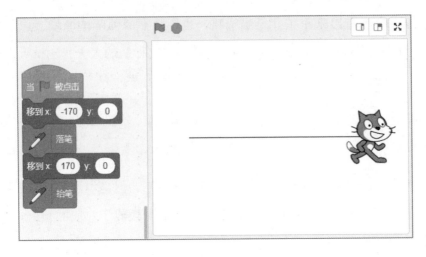

图 5-1

2. 设置画笔大小

Scratch 提供了两个积木用于设置画笔的粗细，分别是"将笔的粗细增加……"和"将笔的粗细设为……"（见图 5-2）。从字面意思就非常容易理解，其粗细单位和屏幕坐标单位是一致的。也就是说，最小是 1，最大是 480。

喵喵呱："我觉得最大可能不是 480，也许可以更大，但屏幕就这么大，再大就看不到了……"

图 5-2

3. 设置画笔颜色

画笔的大小设置还是很容易理解的，但是颜色的设置感觉比较烦琐，不仅有三个积木可以设置颜色，而且颜色的属性分了四种，分别是颜色、饱和度、亮度和透明度（见图5-3），每种属性的数值范围是0~100。下面来看看分别是什么意思。

图 5-3

- 颜色：又名色相，就是色彩的名字。人们通常说的红色、黄色、蓝色，就是指颜色这个属性（见图5-4）。
- 饱和度：又名纯度，指色彩的饱和纯净程度。人们通常说的颜色很鲜艳，就是指色彩的饱和度。
- 亮度：又名明度，表示色彩具有的亮度和暗度。通常说的色彩的明暗、深浅程度一般指这个。
- 透明度：指是否能遮挡下层色彩的数值。通常把透明度划分为透明、半透明与不透明三种，但在 Scratch 中，这个层次被细分为 100 级。

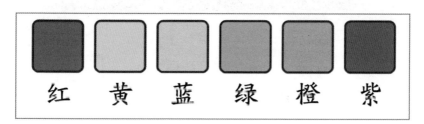

图 5-4

喵喵呱：“这能设置多少种颜色呀？”

Scratch 中设置颜色的方法其实还不算多，常见的图像软件仅仅是色相就有 360 级设置。一般说来，肉眼最大能区分 128 种不同的色彩、130 种饱和度、23 种明暗度。这种调色方法在绝大部分场合足够用了。

喵喵呱："这些我都明白了，那么黑大个的记事簿是如何制作的？"

说了这么多，可以自己试试。先导入提供的素材，即把记事簿素材导入背景中，铅笔素材导入角色中。调整一下铅笔角色的大小和记事簿，使其协调。绘制三个大小一样、颜色不同的矩形，摆放到记事簿右侧，最终效果如图 5-5 所示。

图 5-5

喵喵呱："颜色也太少了！怎么写脚本呢？"

如果觉得色块少，还可以再增加。写脚本之前，先来做一件事情，选中铅笔角色，打开绘图编辑器，使用选择工具把铅笔移动到画布右上角的位置，让笔尖正对画布中心点（见图5-6）。

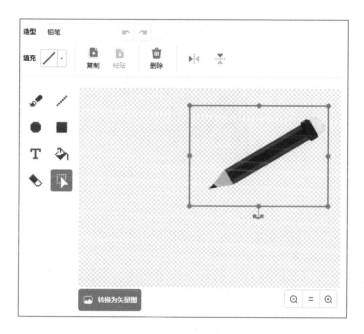

图 5-6

喵喵呱："为什么要这么做？"

不这样做就会从笔杆处画出线条，效果就会穿帮。现在可以考虑如何写脚本。目前一共有四个角色，即铅笔和三个色块。首先考虑铅笔，它会根据鼠标的位置移动，然后在按下鼠标左键的时候落笔，没有按下的时候抬笔。这样就实现了绘图功能（见图5-7）。

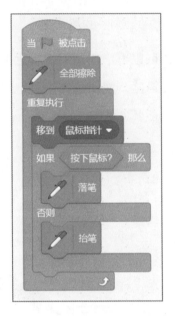

图 5-7

喵喵呱："为什么要加一个'全部擦除'积木呢？"

这个积木可以删除舞台上所有的画笔痕迹，保证程序启动时画布较干净。其实现在记事簿可以正常工作了，但是无法更改画笔的颜色，现在使用广播消息功能给色块写上更改颜色的脚本（见图5-8）。

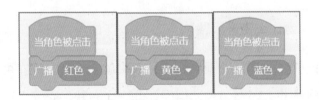

图 5-8

喵喵呱："为什么要使用广播消息来实现，而不是直接在单击时更改画笔的颜色？"

很简单，因为它要更改的是铅笔角色的脚本参数，不是红色色块的绘图脚本。继续完善铅笔角色的脚本,收到不同颜色的消息之后做出回应(见图 5-9)。这样高级记事簿就完成了(见图 5-10)。

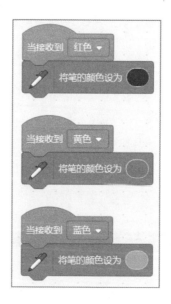

图 5-9

图 5-10

喵喵呱:"虽然我觉得还不够高级,但剩下的事情由我来做吧!"

 动手做

1. 制作并完善本节的例子，尝试增加一些细节。例如，增加画笔的粗细，以及更丰富的颜色。

2. 利用画笔模块绘制一道彩虹状的渐变颜色（见图 5-11）。

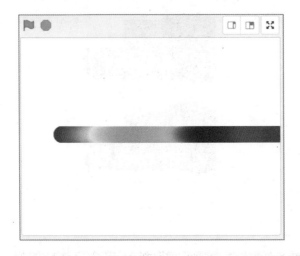

图 5-11

 问问你

在 Scratch 中，一些积木的颜色调节器有颜色、饱和度和明度三种属性，范围是 0~100，那么这个颜色调节器理论上可以设置多少种颜色？

5.2　美丽的多边形

登记完后，喵喵呱很诚恳地问："您这登记簿真漂亮，里面的画是自己画的吗？"黑大个赶紧藏了起来，"没事儿的时候画着玩的，这里很少来客人，大部分时间我都没有事情做。"

"画得真好！"喵喵呱由衷地赞叹，"您是用这个学画画的吗？"

黑大个脸红了："其实我是个画家，没办法才来做保安的。"

啊？画家！喵喵呱和呱呱喵顿时肃然起敬。

呱呱喵忍不住喊道："我们能看看你的画吗？"

"不了！不了！干正事，先看病要紧。"喵喵呱赶紧拉起呱呱喵要走，它很担心呱呱喵那张嘴对人家的画评头论足。

"没关系，进来看看吧！"黑大个很大度，"有什么不足之处您尽管提，艺术嘛，交流才能提升。"

"好吧！"喵喵呱其实也想看，心里暗暗计划，如果呱呱喵胡说八道，马上把它的嘴捂上。

"我的天！这是魔法图案吗？"呱呱喵看到了一屋子的画，张大了嘴，惊讶得什么都说不出来了。

"哪有什么魔法图案？其实就是一些多边形。"黑大个看到它们惊讶的样子，连忙解释。

喵喵呱："Scratch 的绘图编辑器可以画矩形，也就是四边形，这个我是知道的。但这么多的多边形是怎么画的呢？"

只要思路正确，画这个不难。先思考最简单的，使用 Scratch 的画笔模块画一个正四边形怎么做？

喵喵呱："嗯，有点难啊！"

这时候脑子怎么不转了呢？试一试：直行 100 步，右拐 90 度，然后直行 100 步，再右拐，继续直行 100 步，右拐，最后再走 100 步，是什么形状？再用 Scratch 的积木把刚才的事情描述一遍试试。

喵喵呱："那不是让我绕了一圈吗？啊？真的是正方形（见图 5-12）。"

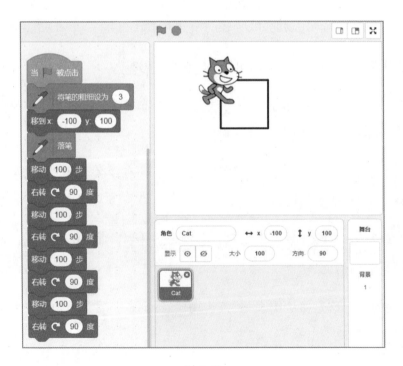

图 5-12

为什么不用重复执行呢？这种脚本看起来不累吗？

先别着急改，四边形比较简单，使用重复执行制作一个正三角形试试。

喵喵呱："我想一想，数学老师说过，正三边形又叫等边三角形，是三边相等的三角形，特点是三个内角相等，都是60度。我这样来写一下……咦？为什么不行（见图5-13）？"

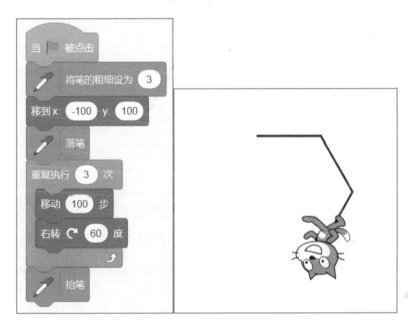

图5-13

问题出在角度上。你在直行中右拐得到的角度是刚才的方向和现在方向的夹角，但是你绘制多边形，所需要的并不是这个夹角，而是刚才的轨迹和你拐弯后轨迹的夹角。也就是说，三角形的内角是60度，这个角是它的边旋转120度得到的（见图5-14）。

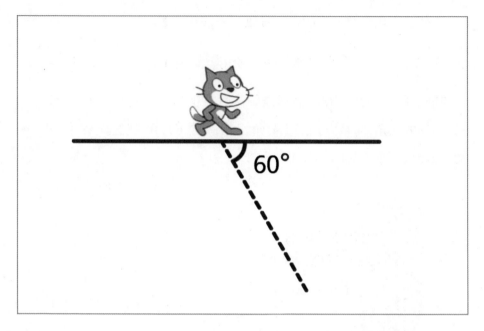

图 5-14

喵喵呱："虽然我想了半天才知道怎么回事，但是改起来非常简单。这个三边形（见图 5-15）和黑大个的作品有什么关系吗？"

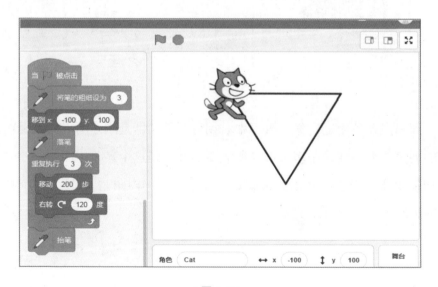

图 5-15

你会画三边形和四边形后，黑大个的作品还画不出来吗？刚才我提醒使用重复执行，你只使用了一次，如果在重复执行外面再加一个重复执行，这叫循环嵌套，是经常使用的一种技巧。

喵喵呱："我外套了一个重复执行（见图5-16），没有看出效果呀？"

图 5-16

你每次的轨迹都一样，都是在重复画同一个形状，当然不会有什么效果。在循环的时候，你稍微改变一下角色的位置或者角度再看看（见图5-17）。

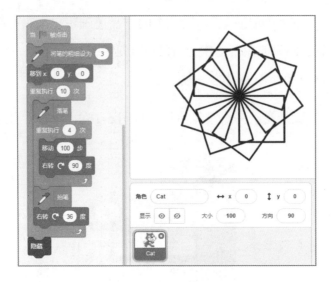

图 5-17

喵喵呱："啊！这么神奇，我去改改三边形（见图 5-18）。"

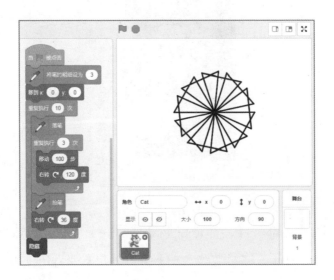

图 5-18

改边数和角度都可以，但让图形更加绚丽的办法还是更改颜色见效最

快。把 将笔的 颜色 增加 10 积木分别放在外套循环和内嵌循环里，看看会

得到什么结果（见图 5-19）。再试试画笔模块的其他积木（见图 5-20），看看还有什么好玩的事情发生。

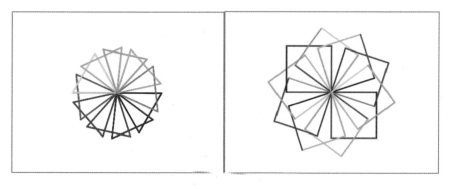

图 5-19　　　　　　　　　　图 5-20

 动手做

1. 制作本节的例子，并尝试绘制更加绚丽的图形。

2. 在绘制每一条边的时候，不断调节画笔大小，试试绘画效果（见图 5-21）。

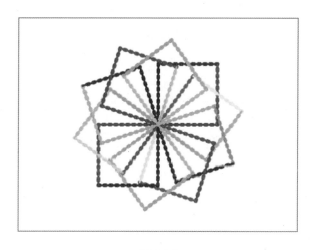

图 5 21

研究一下三边形、四边形、五边形的旋转角度，你能发现什么旋转规律吗？

5.3 连续的纹样

喵喵呱详细了解了多边形的绘制方法，感觉获益匪浅，它很诚恳地向黑大个告别："谢谢您！今天让我大开眼界，长了不少见识，我才知道绘画可以这么画。不过我们得走了，去找大夫给呱呱喵治病。"

黑大个也不挽留："自己的画有人欣赏是一件多么美妙的事呀！我也得谢谢你们。这样，你们先去第100层楼看看吧，那里有一个医术很高明的大夫。"说完就把喵喵呱和呱呱喵送进了电梯。

"再见！"喵喵呱赶忙给黑大个告别。

第100层楼的装修很特别，到处都是白白的，给人感觉非常干净。可是动物却不多，喵喵呱和呱呱喵转了半天，只看到一只螳螂在那里气喘吁吁地练习跳高。

"嘿，终于来客了。你们过来一下，来。"螳螂看到有客来也很开心。

"您好！请问您是这里的大夫吗？"喵喵呱很有礼貌。

"当然！天下第一楼最好的外科大夫！你不认识我？"螳螂有点不满。

"不好意思！第一次来。"喵喵呱赶紧解释，并说明来意。

"这个没问题！"螳螂听说肚子里有虫子，很不以为意，"你们先过来帮我看看，这窗帘画点什么图案合适？"

啊？喵喵呱和呱呱喵这才发现，原来螳螂一蹦一跳的是在挂窗帘。

"呱，画猫的图案吧！"喵喵呱很诚恳地说，"我觉得猫很漂亮。"

螳螂看了看喵喵呱，头摇得像拨浪鼓一样，"长成你这样的猫我才不要画在窗帘上！窗帘的图案很特殊。"

喵喵呱："窗帘的图案有什么特殊的？"

由于窗户的尺寸千奇百怪，所以窗帘需要适应各种尺寸的图案，并且都是连续的纹样，就像图 5-22~ 图 5-24 这样。

图 5-22

图 5-23

图 5-24

喵喵呱："哇！这种纹样好漂亮，还可以无限延伸下去。这是利用高科技设计的吧？"

连续的纹样已不是什么新鲜事物，在五千年前，出土文物里就有陶罐子使用了连续的纹样来装饰。它使用一个或几个单位纹样，在平面上进行有规律地排列，并可以向两边无限、连续地循环，构成带状的纹样，叫花边（又称为二方连续纹样）。当时可是了不起的工艺，现在使用Scratch可以轻松完成。

喵喵呱："让角色排队？感觉好难！这得复制多少角色才行？"

不用那么费事，Scratch 有一个功能很强大的积木，那就是图章积木。它可以捕获当前角色造型的图像，并将其绘制到舞台上。利用它，可以很方便地制作出连续的纹样。例如，现在把一条鱼放置到舞台上，让它每走一段就留下自己的印迹（见图 5-25）。

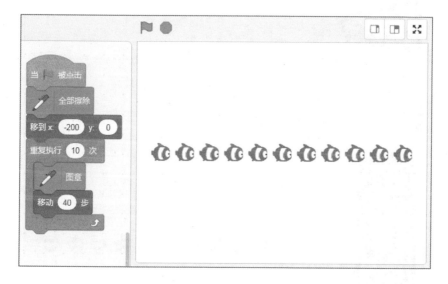

图 5-25

喵喵呱："这还是小鱼排队呀？"

排队也有很多种排法，如果你不喜欢，可以加入无数花样。例如，使用绘图编辑器让小鱼吐个泡泡再去排队（见图 5-26），或者立着排队（见图 5-27），或者头一上一下交替着（见图 5-28）……都很好玩的。

图 5-26

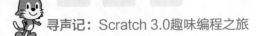

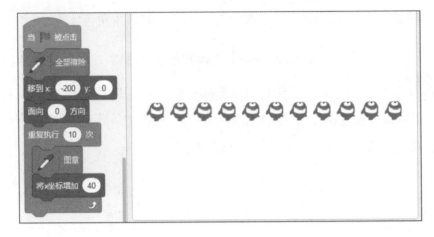

图 5-27

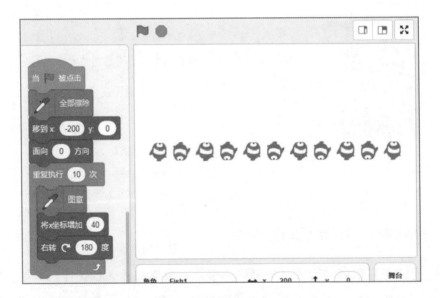

图 5-28

喵喵呱："你能让鱼立着，我就能让它脸对脸（见图 5-29）。"

图 5-29

有起伏的感觉其实也很漂亮（见图 5-30），但这个脚本就要复杂一点。
因为抬头和低头是两个动作，代码如图 5-31 所示。

图 5-30

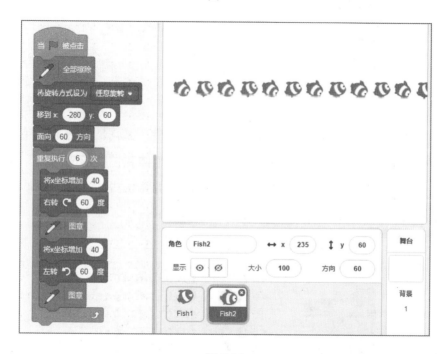

图 5-31

喵喵呱："果然！让我看了好久才看懂，你还能弄得更复杂些吗？"

好说，循环嵌套怎么样？例如，三条鱼的头聚在一起的连续纹样（见
图 5-32）。

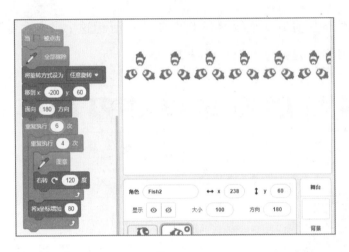

图 5-32

其实循环嵌套可以用来制作四方连续的纹样，也就是由一个纹样或几个纹样组成一个单元，这个单元向四周重复地延伸和扩展形成图案。但需要先把鱼的位置移动到舞台的最上方或者最下方，然后计算每一次重复执行结束后，鱼坐标的位置是怎样变化的（见图5-33）。

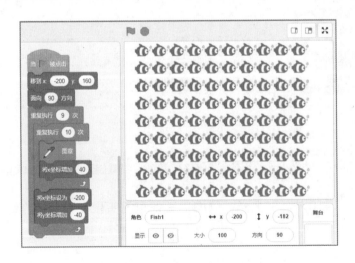

图 5-33

喵喵呱："这个效果不错！"

如果再增加一点图形特效，效果会更漂亮（见图5-34）。

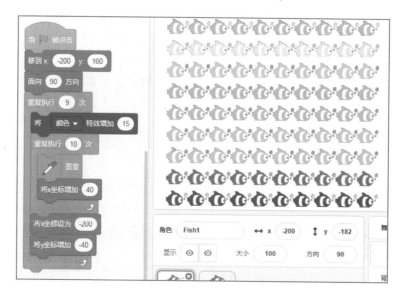

图 5-34

把图形特效积木放在不同的位置，效果也有变化（见图5-35）。

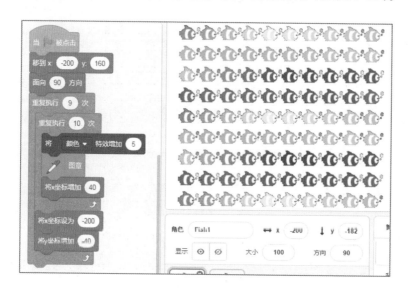

图 5-35

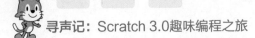

喵喵呱："我觉得可以制作出足够多的窗帘图案，让螳螂大夫去选择。"

1. 换不同的角色制作本节的例子，并绘制更多的玩法。

2. 前面介绍的例子规律性极强，尝试制作看起来规律性没有那么明显的纹样图案。

3. 把本节二方连续的例子都制作成四方连续的效果。

1. 本节介绍三条鱼的嵌套循环示例中，为什么脚本循环了四次？

2. 生活中，你还在哪些地方见过连续的纹样？

第**6**章

机器人卡卡

"你们一定是伟大的艺术家。"螳螂由衷地赞叹,"我在这层楼里呆了这么久,这么惊艳的画面还是第一次见到!"

"您过誉了!"喵喵呱很不好意思,这也是现学现卖,"还没请教您怎么称呼?"

"叫我郎郎老师就好了。"螳螂大刀一挥,"你们谁肚子里有虫子?"

"我!我!"呱呱喵赶紧抢答,不知道为什么,这次没逗能。

"先躺那里吧!"郎郎老师很严肃地指了指屋子里的一把躺椅,顺手掏出一个听诊器,"我先听一听你肚子里的声音。"

青蛙的肚子也能听吗?呱呱喵暗暗嘀咕,但也没说什么,赶紧躺了下来。

郎郎老师挂窗帘不怎么样,但看病还是很专注的。它把听诊器放在青蛙的肚皮上,足足15分钟才拿下来。喵喵呱看郎郎老师的面色不好,赶

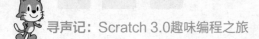

紧上前问道："郎郎老师，到底怎么样？""嗯，有点麻烦。"郎朗老师沉吟着，可能在整理措辞，"这种虫子很罕见，我本来想劝它出来，可是它不答应。于是我告诉它，如果不出来，我就用打虫药赶它出来，结果它嘲笑我！说用药的话肯定先毒死呱呱喵。"

"啊？"呱呱喵很紧张，"真的假的？"

"真的。"郎郎老师很肯定地说，"这个它没说谎，我算了算，它确实比你的耐药性要强。"

看起来很麻烦，喵喵呱不禁抱怨呱呱喵："你怎么弄了条这么麻烦的虫子？"

呱呱喵两眼一瞪："青蛙不吃虫子吃啥？"

"行了！"郎郎老师看它们两个的注意力这么不集中，非常不满意，"其实也没什么，还有一个办法。"

"什么办法？"喵喵呱和呱呱喵异口同声。

郎郎老师挥舞了一下自己的大刀，得意地说："我可以用刀划开你的肚子，然后把虫子取出来！"

6.1 会对话的机器人

"不行！不行！"呱呱喵看着郎郎老师的大刀，一阵眩晕，它是发自内心的害怕，别说划开它的肚子，刀在它的面前晃一晃都让它心惊胆战。这可能也是它在郎郎老师面前没有胡说八道的原因。

"就没别的办法了吗？"喵喵呱也心有不忍，看着这把刀，它也发怵。

郎郎老师双手一摊："别的方法？我就不知道了！"

喵喵呱看看呱呱喵，又看看郎郎老师："您看，这刀比它的个子都大。我觉得开刀这件事情对它来说确实有难度，能不能再想想别的办法。"

郎郎老师比划了一下，觉得确实也是这个道理。于是想了想，很为难地告诉它们："我确实想不出不开刀的方法，但我可以推荐一台机器人给你们，楼下有台智能机器人——卡卡，自打出生以来就接触互联网进行学习，上知天文，下知地理，这栋楼里的动物不懂的知识都去问它，没有它不知道的。你们可以去试试。"

"好的，谢谢。我们马上就去。"呱呱喵不等喵喵呱说话，拉起它就走。它们没多久就来到了楼下，果然看到一台红色的机器人静静地放在房间中央。"您好！"喵喵呱恭恭敬敬地打招呼，"我们来找您……"

机器人没有动静。

"咳咳，你好！"喵喵呱继续。

机器人还是没动静。

看来它们还不知道怎么和机器打交道。在 Scratch 的世界里，与机器对话是有技巧的。

喵喵呱："技巧？不就是用鼠标和键盘吗？"

把数据输入计算机（俗称电脑），最常见的就是用键盘和鼠标，这些之前都接触过了。但是，如何把"你好"这样的数据传递给电脑，这在 Scratch 的世界里是一个比较大的学问。例如，现在卡卡在舞台上，我们要跟它说话，就要用到"侦测"标签下的  积木。

用这个积木的时候，角色会说出你设置的询问语，然后舞台下方会弹出一个输入框让用户回答（见图6-1）。根据用户的回答，角色会做出不同的反应。

图 6-1

喵喵呱："原来是这样，可是我输入了'你好'还是没有反应。"

这是因为你并没有告诉它，在用户说"你好"的时候应该怎么做。在"侦测"标签下紧挨着"询问……并等待"积木的下方有一个 回答 积木，结合它才可以写出程序让电脑做出判断。

喵喵呱："这个积木左边有个选框可以勾选。"

在 Scratch 中有很多积木都带有这个选框，这说明它代表了一段数据，并且可以把这段数据显示在舞台上。例如，勾选之后，舞台上就会出现一个"回答"标签，然后显示你的回答内容。这个标签可以在舞台上随意拖动，并放置在不同的位置。

喵喵呱："我勾选了，也看到了它的效果（见图6-2）。然而卡卡还是没有反应……"

图 6-2

那好，现在让卡卡有所反应，做一台有礼貌的机器人。先来判断用户说的是什么？如果是"你好"，卡卡就说"你也好哦！"，这里要用到"运算"标签下的 积木。

喵喵呱："'等于'积木不是用于比较数字的吗？"

只能用来比较数值，但是"等于"积木可以用来比较文本是否一致。这段代码按照图6-3那样写，就实现了在回答"你好"的时候，卡卡也说"你好"。

图 6-3

喵喵呱："可惜是一台只会说'你好'的机器人，还只能说一次。"

在重复执行中，将多个"如果"积木并列使用，可以大幅提升卡卡的智商，并且让其功能完善起来。这种写法在程序里叫作"多重分支选择结构"。

喵喵呱："听起来好复杂，不过这样写代码（见图6-4）后卡卡确实聪明了许多。"

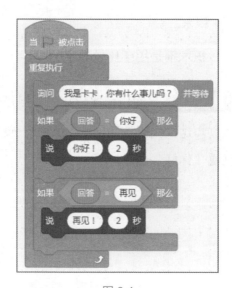

图 6-4

Scratch 还可以让卡卡更聪明。如果你有足够的耐心，提供无数的分支，就可以拥有一台足够聪明的机器人。但是有一点很麻烦，那就是，如果输入的是英文或者其他语言怎么办？

喵喵呱："那还不简单，再增加判断就是了。例如，如果回答是'Hello'，我也回答'你好'。"

这样，每增加一种语言，你的工作量就要加一倍，从资源和效率上看，非常不划算。Scratch 提供了其他方式来实现，那就是"谷歌翻译"，它可以把文字翻译成多种语言（见图 6-5）。在扩展模块里找到并启用它，然后把所有的回答都翻译成中文（简体）即可，现在再输入'Hello'试试看（见图 6-6）。

图 6-5

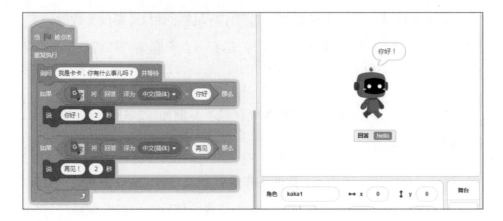

图 6-6

喵喵呱："我的天！它居然连日语都能认识，而且比我用词典翻译的还要准确。"

不仅是文字的翻译，扩展模块下还可以找到 Scratch 自带的语音识别功能，如果你不喜欢录入文字，直接对着麦克风说话就可以（见图6-7）。下面的程序可以让机器人卡卡直接说出你对麦克风说的话。

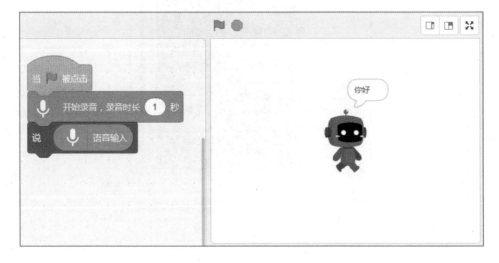

图 6-7

喵喵呱："如果是这样，程序的写法就要有变化了。哈哈，按照图 6-8 这样写对不对？我好厉害！"

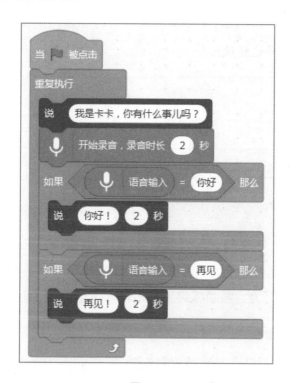

图 6-8

📝 **动手做**

1. 利用本节所学的知识，制作一台能翻译的机器人。

2. 现在制作的机器人程序在回答问题时有一个很大的缺陷，就是用户的回答和预设的不一致时，机器人就无法识别。你可以在"运算"标签下找到一个 ⬡ apple 包含 a ？⬡ 积木，试试它的用法，并让机器人变得聪明起来。

问问你

在 Scratch 中可以找到很多前面有对钩的积木，试试这些积木有什么作用，它为什么要这样设计？

6.2 数学计算器

经过不懈地努力，喵喵呱终于和机器人卡卡取得了联系，成功地进行了对话。

"卡卡，你好！我们是来找你看病的。"喵喵呱赶紧说。

"看病？你去楼上找郎郎老师吧，它才是专业的大夫。我只是一台小小的机器人，管不了看病的事情。"卡卡看来没遇到过这样的问题。

"我们去过那里了，郎郎老师建议我们来找你问问。"呱呱喵有点郁闷地说。

"看来是疑难杂症，说一下你的症状吧。我只能提供资料，不能治病。"这台机器人对规矩很清楚，不是大夫就没有处方权。

"是这样，它肚子里可能有虫子……"喵喵呱开始解释。

"停！停！"卡卡急了，"和机器人交流病情，要使用具体的数据说话。你这么描述，我不好判断。"

"数据？什么具体数据？"喵喵呱有点莫名其妙。

"出现这种症状几天了？虫子有多长？有多宽？每次发作间隔多长时间？总之，各种数据信息都要有。"卡卡举例。

"你要这么详细的数据做什么？"呱呱喵有疑问。

"计算出详细的数值，然后在数据库里进行比对，看看对应什么症状才能告诉你。"卡卡说。

在 Scratch 中，计算是比较常用的，它的积木都在"运算"标签下。

喵喵呱："运算有什么强大的，不就是加减乘除吗？咦？它的乘除符号好奇怪。"

乘和除的运算积木是"*"和"/"号，这是因为在键盘上找不到"×"键和"÷"键，大部分时候系统都默认使用这两个按键来输入乘号和除号。仔细看会发现，"运算"标签下的积木不仅包括计算，还包括比较、逻辑和函数等各种强大的功能（见图 6-9、图 6-10）。

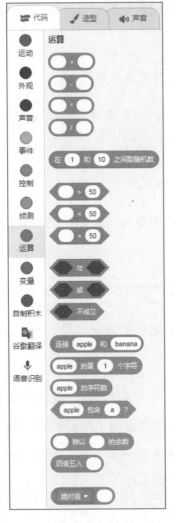

图 6-9

图 6-10

喵喵呱："这么复杂，好多我都看不懂。"

现在看不懂没关系，等以后掌握了更多的数学知识就明白了。

喵喵呱："其实我最怕数学了。"

灵活运用这些积木可以很方便地做出数学题。例如，想让卡卡帮你计算 128×8 + 742 是多少，就可以给卡卡写上如图 6-11 所示的积木。

图 6-11

喵喵呱："如果是 128×（8 + 742）呢？"

这个也很容易，只需要调整一下 $\boxed{+}$ 和 $\boxed{*}$ 的嵌套关系就可以（见图 6-12）。

图 6-12

整数的乘法和加法都比较容易解决，但是遇到除法和小数的时候要注意，Scratch 中默认是保留两位小数的。例如，计算 10÷3，卡卡就会给出结果（见图 6-13）。

图 6-13

喵喵呱："两位一般也够用了。嗯，我得想个更难的，看它还会不会。"

不仅是普通的四则运算，就是一些公式运算也难不住卡卡。例如，长方形的周长、长方形的面积等。如图 6-14 所示的这段代码就可以计算一个长为 4 厘米、宽为 3 厘米的长方形周长。

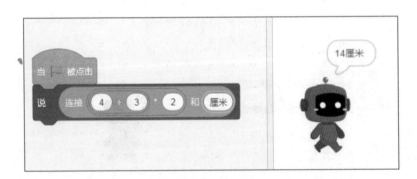

图 6-14

喵喵呱："太棒了，这样连长度单位也能说出来。"

这些数值可以通过用户输入得到，这样就制作出一个专门的计算器。你直接告之圆的半径就可以（见图 6-15）。

图 6-15

喵喵呱："我来试试，让卡卡的回答带上面积单位。"

1. 使用 Scratch 计算下列算式：

75÷(138÷(100-54))　　　　85×(95-1440-24)

80400-(4300+870÷15)　　　240×78÷(154-115)

2. 结合用户输入，制作一个平方米和平方厘米单位换算的小程序。

上述示例中，我们只是提供了已有的数据让卡卡计算，如果这个数据要通过测量舞台的图形才能得到，又该怎么做？

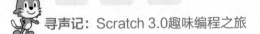

6.3　石头、剪刀、布

喵喵呱和呱呱喵把数据整理出来后，经过了很长时间的运算，卡卡还是没能算出结果。"到底怎么样啊？"呱呱喵忍不住问道。

"快了！快了！"作为一台先进的机器人，计算这些数据还这么慢，卡卡也很不好意思，"是这样的，我遇到了一些不确定的因素。所以计算起来就比较慢。"卡卡觉得有必要解释一下。

"不确定的因素？"呱呱喵不理解，它只会一些简单的加减法，对这个完全听不懂。

"是这样的，你会玩石头、剪刀、布的游戏吗？"卡卡没有觉得呱呱喵有什么不对，反而对自己解释不清楚感到内疚。

"这个当然会。"呱呱喵很自豪，"在水塘生活的时候，经常和鸭子们一起玩。"

"在这个时候，出石头还是剪刀，是不是不一定呢？"卡卡觉得这个解释应该行得通。

"没有，那些鸭子一伸脚就是布。"呱呱喵很惊奇。

"啊？！"卡卡觉得自己要死机了，运算又慢了一些。

喵喵呱赶忙接过话："这个还是我来给它解释吧，一加一等于二，可是一可能加一，也可能加二时，这个结果就没法算了。因为它不确定是几。"

游戏最有意思的地方在于用户永远不知道下一刻会发生什么，不可预测是一切游戏的魅力所在。这种"不确定性"在 Scratch 的世界里以数值的方式体现，叫作"随机数"。通常使用"运算"标签的

积木来生成随机数。

喵喵呱："那我使用这个积木是不是可以随机出现在舞台上？我研究一下，哈哈，这样写果然可以（见图 6-16）。"

图 6-16

这段代码写得很漂亮，但要实现这件事情还有其他选择。因为 Scratch 提供了一个专门的积木来实现这个功能。那就是 移到 随机位置▼ 积木。

喵喵呱："你不早说！这样我写这个是不是没有意义了。"

有意义，很多时候需要随机出现的范围并非舞台的所有区域，可能只是舞台上的一个区域而已。这样你的代码就派上用场了！但是随机数能实现的可不仅仅是随机位置，在 Scratch 中一切可以以数值存在的参数都可以随机产生。例如，角色大小随机（见图 6-17）。

图 6-17

喵喵呱："大大小小的一群猫！我明白了，角度随机也可以，这样改了一下，出现了一堆猫（见图 6-18）。"

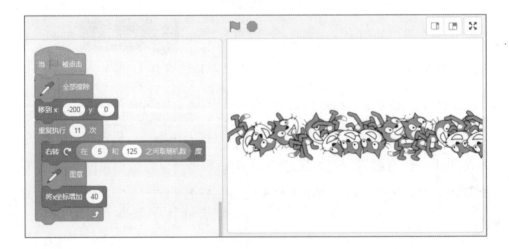

图 6-18

大小、位置、角度都容易让人明白，但是你可能不知道，造型也是可以随机的。

喵喵呱："切换造型以造型名为参数，这可不是数值。"

造型也是有造型编号的，每个造型左上角的小数字就是造型编号。例如，如图 6-19 所示的角色有三个造型，从 1 到 3 之间抽取随机数来切换造型，就实现了随机出石头、剪刀、布的效果。

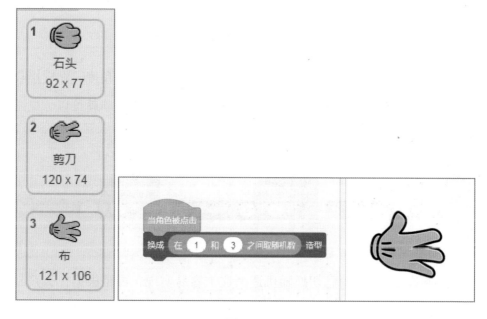

图 6-19

喵喵呱："你这样不行，如果随机出拳，根本不知道自己出什么。"

我们继续来完成这个游戏。单击的键盘上的 1、2、3 键，分别对应石头、剪刀、布三种造型，同时发送广播消息，告诉其他角色你出了什么（见图 6-20）。

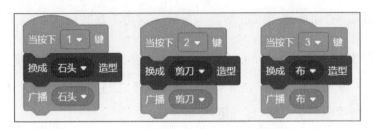

图 6-20

喵喵呱："那怎么知道自己输还是赢呢？"

将另外一只手的角色放在第一只手的对面，并调整好角度。在它接收到出拳消息的时候，随机切换造型，再根据造型编号来判断就可以（见图 6-21）。

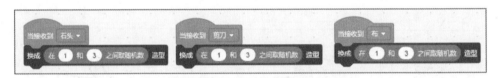

图 6-21

喵喵呱："根据消息切换随机造型这个容易实现，可是根据什么判断呢？"

当前角色的造型编号有专门的积木，在"外观"标签下可以找到（见图 6-22）。它和 回答 积木一样，都可以作为一个参数在代码里直接使用。

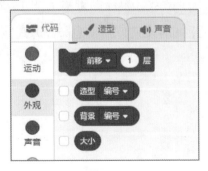

图 6-22

这样根据手势判断输赢的代码就容易写了，可以让角色直接说出结果。角色 2 完整的代码如图 6-23 所示，理清代码的逻辑关系需要清醒的头脑！

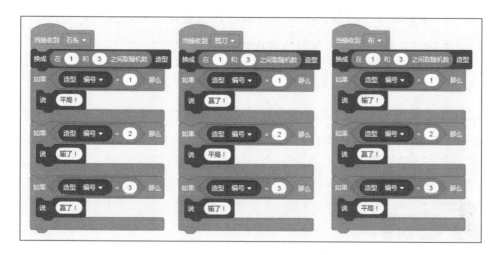

图 6-23

喵喵呱："我想想，如果对方是拳头，我出布，那么我就喊赢了……天哪！有点晕。"

完成编码后，就可以愉快地和电脑猜拳了（见图 6-24）。

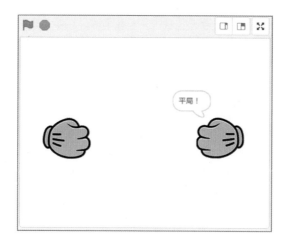

图 6-24

1. 丰富细节，增加一个根据输赢不断变换造型的角色，完成一个比较完整的"石头、剪刀、布"的游戏。

2. 有一种手势游戏叫"压指儿"，规则与"石头、剪刀、布"类似，但前者更复杂：大拇指压食指（即伸出大拇指的人胜过伸出食指的人），食指压中指，中指压无名指，无名指压小指，小指压大拇指。无论出哪个手指，都有失败的可能，也有胜出的机会。

问问你

我们可以通过随机数实现随机位置、随机大小和随机造型效果，还可以利用随机数实现什么样的随机效果呢？

第**7**章

跑调的音乐厅

"叮咚！"卡卡发出了欢快的声音，"有结果了！"

喵喵呱和呱呱喵一跃而起，扑到了卡卡的面前，眼巴巴地等着听结果。

"咳！咳！"卡卡清了清嗓子（如果它也有嗓子的话），"杠精[1]隶属于线形动物门，是应声虫、纲蠕虫的总称。一般来说，体粗长，外有绒毛呈马鬃状，总身长可达半米。"说到这里，卡卡和喵喵呱一起打量了一下身长不足 30 厘米的呱呱喵。

"杠精成虫在海水或淡水中自由生活，幼虫寄生在节肢动物体内。广泛分布于 Scratch 世界的各地，可通过水源感染各种动物，引发话痨、红眼病、易怒症等疾病。"

喵喵呱深以为然地点了点头，呱呱喵则气急败坏地大叫："赶紧说怎么治疗！"

---

1 杠精，原为网络流行用语，一般指喜欢抬杠的人。在本书中，将其杜撰为一种寄生虫。

"杠精病是一种较为罕见的寄生虫病，迄今为止，互联网上仅有 14 例病例报道。但各地因生产或生活接触自然水体的群体甚多，加之发病症状不是很明显，实际感染数可能远比已报告的例数要多。"

喵喵呱吸了一口凉气："这病居然这么罕见！"

"多年来，治疗杠精病没有有效药物，唯一方法就是手术取虫。"

"唯一方法？"呱呱喵两眼上翻，眼看要昏倒……

"近年，山那头大学的鱼·问月教授经过研究论证，发现杠精对音乐有一种极度敏感的反应，所以在理论上存在使用音乐让杠精脱离寄生体的可能性。"

音乐？这可是一个非常玄妙的词儿，喵喵呱记得长老说过，音乐学习不是一门简单的课程，它包括西洋乐、民族乐……庞杂到无以复加。它小心翼翼地问："知道用哪种音乐吗？"

"鱼·问月教授还真的是天下第一楼的住户，可是它最近出远门去寻找病例了。"卡卡对楼里的事情了如指掌。

"等等，病例？不是杠精的病例吧？"喵喵呱和呱呱喵一起惊呼。

7.1　美女蛇姗姗

"这里有现成送上门的病例，还出远门去找？"大家对这件事情的看法一致，可是它们也不想想，这么罕见的病，谁知道会有病例找来呢？

"互联网上的资料没有更详细的了，你去第 33 楼看看吧，鱼·问月教授的家在那里。"卡卡终于提出了建议。

它们也没有别的办法好想，谢过了卡卡，来到了第33楼。

一出电梯门，就听到了一阵优美的歌声："入夜渐微凉，繁花落地成霜……"。

"看看，教授就是教授，品味就是高。听歌声就知道是一位很优雅的女士在唱歌。"呱呱喵由衷地赞叹，拉着喵喵呱赶紧走，看来它对这位唱歌的女士很期待。走了没多远，一拐弯就看到了一条大蛇对着谱架在那里吊嗓子。呱呱喵反应不及"喵呜"一声昏了过去。

"不好意思，吓着你的朋友了。"大蛇听到声音过来一看，原来是只青蛙，顿时明白了怎么回事，"我不吃青蛙的，还请它不用担心。"

"它确实胆小，这不怪您。"喵喵呱替青蛙觉得丢脸，这也太胆小了吧，"请问这是鱼·问月教授的家吗？"

"是的，可是它出门了，不知道什么时候才能回来。我是它的助手蛇姗姗，有什么事情我可以转达的吗？"蛇姗姗很好奇一只猫和一只青蛙会有什么事情。

"是这样，它得了一种病……"喵喵呱详细说了一遍。

听到是杠精的事情，蛇姗姗很激动："太好了，教授谱出了一首曲子专门治疗杠精感染。可是这种病太少见了，一直找不到病人做临床试验。"

"那您有这首曲子吗？"喵喵呱感觉看到了希望之光。

"你先弄醒它，我找唱机放给你们听。"蛇姗姗恨不得马上就开始。

不用找唱机了，在 Scratch 的世界里制作一部唱机其实并不复杂，只要掌握好"声音"标签下的积木就没问题。

在动画、游戏、程序中，很多都需要一点声音。想一想以前制作的各种程序，是不是可以加一些背景音乐，或者是特殊的音效。Scratch 提供了相应的功能，每个角色都有对应的声音面板，在"声音"标签中还有专门的积木用于播放声音，添加特殊的声音效果（见图 7-1、图 7-2）。

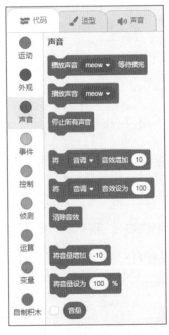

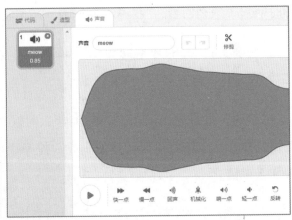

图 7-1

图 7-2

喵喵呱："MOW？这只猫会发出猫叫声？"

让这只猫叫起来非常简单，只需要两句代码就可以，如图 7-3 所示。看这个场景多有意境，在傍晚的田间地头，小猫睡醒后走出房门，伸个懒腰，大叫一声"喵呜！"。

图 7-3

喵喵呱："能不能让它换个声音唱呢？这个场景我听起来不舒服。"

若要给角色增加声音，需要打开角色的"声音"标签，然后把鼠标光标放在右下角的 🔊 按钮上，等待弹出一个菜单，菜单上有四个按钮，分别对应不同的添加声音的方式。

- Q 从声音库中选择一个声音添加。

- 🎤 使用麦克风录制声音添加。

- ✦ 从声音库中随机添加一段声音。

- ⬆ 从本地上传声音文件添加。

可以选择自己喜欢的方式（见图 7-4），上传一个听起来更威风的声音，让小猫发出不一样的吼声。例如，狮子的声音，怎么样？

图 7-4

喵喵呱："这声音太长了怎么办？完全不需要唱那么久，太累了。"

在声音面板里可以试听每段声音，还可以进行剪辑，甚至增加声音特效。选中需要编辑的声音片段，单击 ✂ 修剪 按钮，这时声音的波形图上出现了两条红线（见图 7-5），把波形图分成了三个区域，有红色阴影线的部分，就是不需要的，拖动红线进行调整，然后单击 ✂ 保存 按钮保存。增加声音特效就简单很多，单击下方相应的按钮即可。

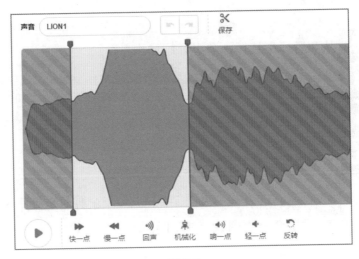

图 7-5

喵喵呱："这样的话，好像制作一部唱机完全可行了。"

当然可行，首先把唱机的零部件上传并摆成如图 7-6 所示的样子，然后选择"按钮"角色，在它的声音面板下上传蛇姗姗给的"谜之音乐"文件（见图 7-7）。

图 7-6

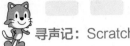

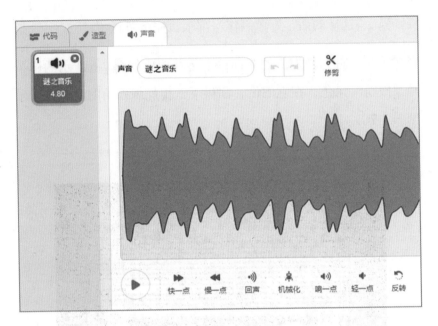

图 7-7

喵喵呱："那这部唱机有什么功能呢？"

唱机的功能是这样的：单击绿色按钮可以播放音乐，单击红色按钮可以停止播放（见图 7-8、图 7-9），旋钮则可以调整音量大小。现在音乐文件在旋钮角色下，那么绿色按钮和红色按钮的功能需要通过消息来传递，我们先来完成这两个按钮的代码。

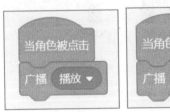 

图 7-8 图 7-9

喵喵呱："啊？就这么简单？"

是的。下面看旋钮的脚本如何编写？首先要实现的是它收到消息后进行播放和停止操作（见图 7-10）。然后是旋钮调整音量大小的功能，因为鼠标单击的方式不适合反复调整，所以这里用键盘的方向键来调整旋钮的角度（见图 7-11）。

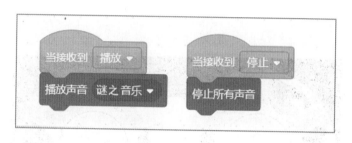

图 7-10

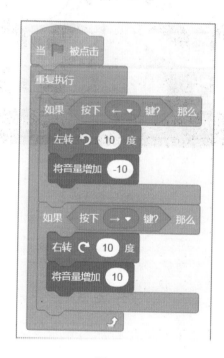

图 7-11

喵喵呱："为什么感觉毫无难度？让我试试。"

 动手做

1. 制作一部唱机（见图 7-12），并给唱机增加音量调节功能。

2. 给制作的唱机增加几首不同的音乐，并添加"上一首"、"下一首"等切歌功能。

图 7-12

问问你

同样是实现播放声音功能，为什么还需要两个不同的积木，分别是"播放声音"和"播放声音……等待播完"？它们在什么情况下可以使用，且相互无法替代？

7.2　大楼器乐队

唱机里发出了沙哑的声音："一只蛤蟆一张嘴，两只眼睛四条腿……"

"这是第几遍了？"喵喵呱在发呆。

"有十遍了吧！"蛇姗姗并不确定，但看起来它比喵喵呱还要着急。

"唔！"呱呱喵在躺着听音乐，顺口哼了一声表示自己的存在。它作为当事人反而最镇定，但心里乱七八糟想的什么谁也不知道，毕竟这是第一次这么近距离地和一条蛇接触。

"我感觉效果不明显。"喵喵呱尽量让自己措辞保守一点。

"不应该有错的，教授这些年的研究成果从来没出过岔子。"蛇姗姗不太相信现实，它仔细想了想，信誓旦旦地说，"应该是咱们的方式不对！"

"那你觉得应该用什么方式？"喵喵呱其实挺想说音乐本来就不怎么靠谱。

"演奏曲子的方式有很多，用唱机可能不行。毕竟，录音还是有衰减的。或者说，这个录音本来就错了呢？"蛇姗姗觉得自己找到了原因，"我们可以使用乐器，照着这个谱子重新来演奏。"

听起来很有道理，喵喵呱问："用哪种乐器呢？"

"说不好，都试试吧。"蛇姗姗觉得这个回答有点不负责任，又补充道，"大楼里有乐团，各种乐器师傅都在，咱们可以去找它们。"

这个不用那么麻烦，Scratch 的世界里都有几十种乐器可以演奏乐谱，它们在"音乐"扩展模块里，分为鼓和乐器两大类（见图 7-13~ 图 7-15）。

图 7-13　　　　　　图 7-14　　　　　　图 7-15

喵喵呱："鼓不是乐器吗？为什么还要分成两种积木呢？"

鼓这类乐器通过击打乐器本体而发出声音，称为打击乐器，是比较古老的乐器种类，一般以打、摇动、摩擦、刮等方式来发声，但这种乐器没有音高，所以仅能产生节奏，无法演奏音符形成旋律。在 Scratch 中只能把两类乐器单独进行处理，分别使用不同的积木。

喵喵呱："怪不得乐器还有专门的'演奏'积木,但是击鼓只有一个'击鼓……拍'就完了。不行啊！我只知道演奏'哆来咪哆'、'1 2 3 1'这种乐谱，但是'演奏'积木的 ♪♪ 演奏音符 60 0.25 拍 中 60 是什么意思？数值又是怎么得出的呢？"

在 Scratch 的世界里，音乐家们利用数位尺度中的一个数字表达一个音的音高。例如，钢琴键盘上的 C4 就可以使用 60 来表示。常见音符的对应关系如图 7-16 所示。

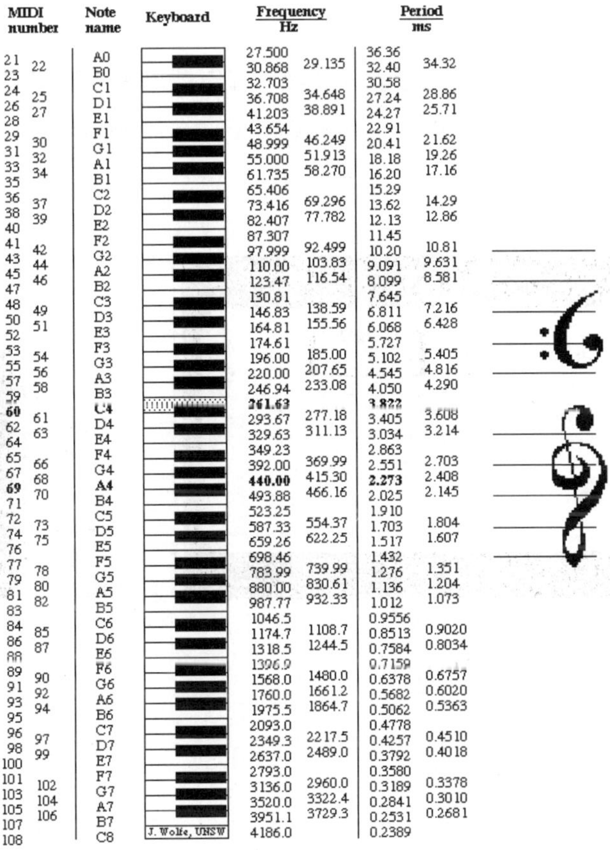

MIDI number	Note name	Keyboard	Frequency Hz	Period ms
21　22	A0		27.500	36.36
23	B0		30.868　29.135	32.40　34.32
24　25	C1		32.703	30.58
26　27	D1		36.708　34.648	27.24　28.86
28	E1		41.203　38.891	24.27　25.71
29　30	F1		43.654	22.91
31　32	G1		48.999　46.249	20.41　21.62
33　34	A1		55.000　51.913	18.18　19.26
35	B1		61.735　58.270	16.20　17.16
36　37	C2		65.406	15.29
38　39	D2		73.416　69.296	13.62　14.29
40	E2		82.407　77.782	12.13　12.86
41　42	F2		87.307	11.45
43　44	G2		97.999　92.499	10.20　10.81
45　46	A2		110.00　103.83	9.091　9.631
47	B2		123.47　116.54	8.099　8.581
48　49	C3		130.81	7.645
50　51	D3		146.83　138.59	6.811　7.216
52	E3		164.81　155.56	6.068　6.428
53　54	F3		174.61	5.727
55　56	G3		196.00　185.00	5.102　5.405
57　58	A3		220.00　207.65	4.545　4.816
59	B3		246.94　233.08	4.050　4.290
60　61	C4		261.63	3.822
62　63	D4		293.67　277.18	3.405　3.608
64	E4		329.63　311.13	3.034　3.214
65　66	F4		349.23	2.863
67　68	G4		392.00　369.99	2.551　2.703
69　70	A4		440.00　415.30	2.273　2.408
71	B4		493.88　466.16	2.025　2.145
72　73	C5		523.25	1.910
74　75	D5		587.33　554.37	1.703　1.804
76	E5		659.26　622.25	1.517　1.607
77　78	F5		698.46	1.432
79　80	G5		783.99　739.99	1.276　1.351
81　82	A5		880.00　830.61	1.136　1.204
83	B5		987.77　932.33	1.012　1.073
84　85	C6		1046.5	0.9556
86　87	D6		1174.7　1108.7	0.8513　0.9020
88	E6		1318.5　1244.5	0.7584　0.8034
89　90	F6		1396.9	0.7159
91　92	G6		1568.0　1480.0	0.6378　0.6757
93　94	A6		1760.0　1661.2	0.5682　0.6020
95	B6		1975.5　1864.7	0.5062　0.5363
96　97	C7		2093.0	0.4778
98　99	D7		2349.3　2217.5	0.4257　0.4510
100	E7		2637.0　2489.0	0.3792　0.4018
101　102	F7		2793.0	0.3580
103　104	G7		3136.0　2960.0	0.3189　0.3378
105　106	A7		3520.0　3322.4	0.2841　0.3010
107	B7		3951.1　3729.3	0.2531　0.2681
108	C8		4186.0	0.2389

J. Wolfe, UNSW

图 7-16

图 7-16 对应钢琴上的按键，如果把音高数值对应到五线谱上，就是如图 7-17 所示的样子。

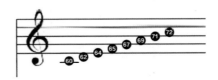

图 7-17

　　喵喵呱："知道这些后，好像就可以制作出一架钢琴了。"

　　一架标准的钢琴是 88 个按键，如果 88 个键全放上去，就有点挤。但是完成一架简单的电子琴是毫无问题的。首先把电子琴底盘作为舞台背景，然后导入黑色按键角色和白色按键角色，以及白色按键的两个造型（见图 7-18 和图 7-19）。

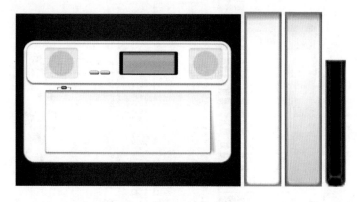

图 7-18

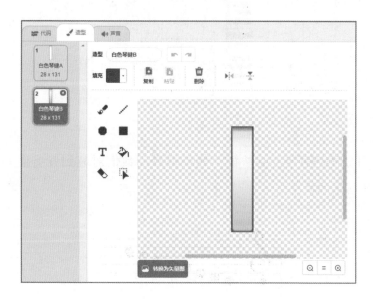

图 7-19

喵喵呱："为什么白色按键有两个造型呢？"

一个是按下去的，另一个是弹起来的。但黑色按键就没有这个问题，因为全黑的亮一点或暗一点并不明显。

喵喵呱："你就直说想偷懒吧！"

仔细观察白色按键角色，确保两个造型的大小和位置是一致的。给它编写代码，把乐器设定为钢琴，并让它在被单击的时候发出 0.25 拍"60"的音符；同样，黑色按键也是如此，不同的是，发出"61"的音符。然后复制这些按键，按照如图 7-20 所示排列整齐。

图 7-20

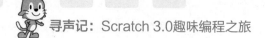

喵喵呱："排列这些按键好难！我总是拖不准。"

排列这些按键有一个技巧，就是通过按键的属性设置来调整，并非直接通过鼠标拖动来设置。排列好之后，把每一个按键的音符修改成自己对应的。电子琴作品就制作完成了！

喵喵呱："这些按键只能通过单击发出声音，我还可以增加一些脚本，让它们通过按下键盘上的按键也能发声。"

无论是单击还是按下按键，一次只发一个音，曲子还是需要自己去弹奏的。但是我们可以根据乐谱编写脚本，可以让钢琴自己演奏，就像下面这首曲子（见图 7-21），我们把每个音符的积木根据曲谱排列在一起，Scratch 就可以自动演奏了！

图 7-21

喵喵呱："啊！作为一只猫，看曲谱有点头晕，我直接看看代码（见图 7-22~图 7-24）。"

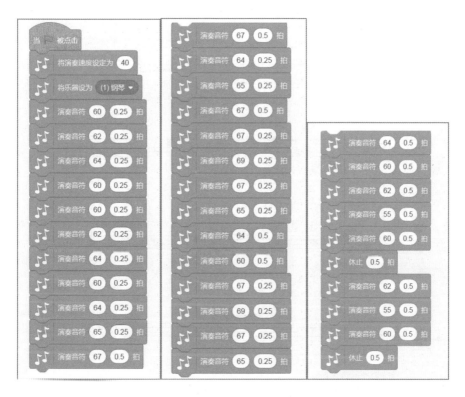

图 7-22   图 7-23   图 7-24

看代码会更晕，根据曲谱从头写一下试试，然后多播放几次，你会发现有不和谐的地方，这时再进行调整。虽然是根据曲谱演奏，但是你很快可以找到作曲的感觉。

 动手做

1. 使用 Scratch 演奏下面的曲子（见图 7-25）。

图 7-25

2. 模仿虚拟钢琴，制作一款虚拟吉他的软件（见图 7-26）。

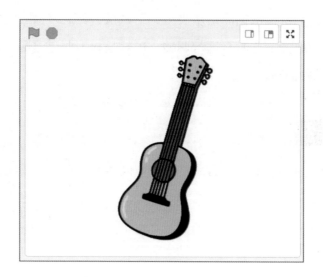

图 7-26

 问问你

"扩展"模块里的音乐功能积木和"声音"标签下的积木有什么不同？它们都是声音相关的积木，为什么 Scratch 要把它们分成不同的区域？

第8章

我爱吹泡泡

使用乐器演奏果然有效！喵喵呱使用"钢琴"演奏了鱼·问月教授的曲子，刚刚进行了一半，就听见呱呱喵"喵呜"一声大叫，大家都看见了它的肚子跳了一下。

"有效！换一种乐器。"蛇姗姗果断地进行指挥。喵喵呱赶紧换成了电钢琴演奏。然而效果好像没有刚才明显，呱呱喵的肚子颤了颤就没动静了。"再换！"蛇姗姗再次下令，于是电钢琴换成了风琴，风琴又换成了吉他……

它们换得不亦乐乎，呱呱喵却头昏脑涨，感觉肚子里有东西跟随着音乐不断地翻滚，带着它晃来晃去，开始它还想呼喊，但感觉嗓子眼儿被堵得满满的，什么都喊不出来。而后随着喵喵呱换的乐器越来越频繁，它已经被折腾得浑身软绵绵的，瘫在躺椅上，一点力气都没有了。

"现在是马林巴琴，现有的乐器基本上都用了一遍。"喵喵呱对换乐器这个行为提出了疑问，"鱼·问月教授就没说过用什么乐器才有效吗？"

"理论上……理论，你懂吗？"蛇姗姗也说不清楚现在什么情况，"曲子是教授根据理论谱出来的。事实证明，现在还是有用的，起码说明教授推断的没有错误。"

"有用？"喵喵呱这才注意到了呱呱喵那奄奄一息的状态，一个激灵跑了过去，抱起它大叫，"呱呱喵，你别死啊！怎么听个歌就这样了呢？"

8.1　吹个大泡泡

喵喵呱抱着呱呱喵一边大喊大叫，一边晃来晃去，呱呱喵半晌才挣扎着睁开眼，气若游丝，嘴里喃喃自语。喵喵呱连忙附耳过去，但是呱呱喵什么声音都没发出来。

"你在说什么？"喵喵呱快哭出来了。

"它在说'闭嘴'。"蛇姗姗能看懂一点唇语，但翻译这句话感觉很不好意思。

呱呱喵虚弱地点点头，然后艰难地抬起手，指了指自己的嘴巴。

"这又是什么意思？"喵喵呱这次看向了蛇姗姗。

蛇姗姗想了想，尾巴"啪"地一声在地上一甩，很激动地说："我明白了！杠精听到了音乐想出来，可是呱呱喵的嘴巴太小，被堵在嗓子眼儿了。"

"什么？"喵喵呱看了看呱呱喵那和身体一样宽的嘴巴，无论如何也想象不出这张嘴巴也称得上小。

"杠精影响的是心智，也可能是它心眼小的原因。"蛇姗姗也觉得好像说青蛙嘴小不太站得住脚，赶紧解释一下，又出了个主意，"灌肥皂水吧！

让它把杠精吐出来就好了。"

于是蛇姗姗和喵喵呱又是一阵忙活，弄了一大桶肥皂水灌进了呱呱喵的肚子。

呱呱喵一副生无可恋的样子，"哒……"吐出来一个泡泡，"可能还是让蛇把它吃了会比较幸福些吧……"它想到这里就失去了意识，然后又吐出了一个泡泡。

吹泡泡这个场景在 Scratch 的世界里实现起来并不算容易，因为需要有一个麦克风，还需要懂得克隆功能是怎么回事。

在 Scratch 的世界中经常会遇到需要很多相同角色的情景，而这些角色的功能几乎完全相同，不同的仅仅是这些角色的颜色、大小等。这种情况如何实现呢？

喵喵呱："我会将角色的动作脚本、造型先设计好，再一个个地复制，需要多少个，就复制多少个……"

没错！这是一种方法，但如果发现角色需要修改，就只能一个个地修改角色，或者先将复制好的角色删除，等修改好后再一个个地复制一遍。这种方法虽然麻烦，但起码有解决的办法。如果需要的角色没有一个准确的数目，这种情况又该怎么做呢？

喵喵呱："还有这种情况？！"

有的。例如，你现在知道一口气可以吹出多少个泡泡吗？这就需要了解"克隆"功能。它的积木都在"控制"分类标签下，有三个积木（见图 8-1）。

图 8-1

　　这个模块可以为指定角色创建新的克隆体角色。但要注意，这个克隆体角色并不算是一个全新的角色，而是一个特殊的拥有与原角色"影子"一样的存在。其他角色可以通过被克隆角色的名字来感知它，和它产生交互。

　　喵喵呱："我明白了，泡泡需要克隆出来，然后就会有无数的泡泡了。"

　　没错！但首先需要有一个泡泡。整理好舞台后，把猫和背景放置好（见图 8-2），然后利用绘图编辑器绘制一个泡泡角色（见图 8-3）。

图 8-2　　　　　　　　　　　　　　　　图 8-3

　　喵喵呱："这只猫是要在海底吹泡泡吗？"

如果你乐意，让它在沙漠吹泡泡也是可以的。这个程序在哪里不重要，重要的是怎么吹？吹出来的泡泡效果怎么样？

喵喵呱："泡泡能有什么效果？飘散，然后消失！"

下面先让泡泡出现，然后逐渐上升、变大，最后慢慢消失，怎么样？利用虚像特效和"重复执行"积木（见图8-4）很容易做出渐隐的效果（见图8-5）。

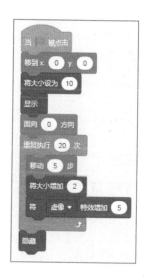

图 8-4

图 8-5

喵喵呱："图8-4说好的克隆呢？这不还是一个泡泡吗？"

有了一个泡泡后，才会有无数的泡泡。把 积木换成 积木，然后把 隐藏 换成 删除此克隆体 ，最后在 当 被点击 下面加一个重复执行，克隆泡泡，就像图8-6所示的这样。

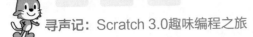

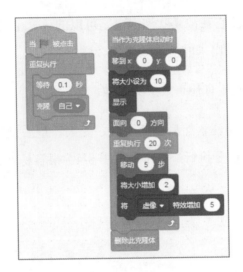

图 8-6

喵喵呱："果然有了一大串的泡泡，但不是我吹出来的！"

下一步将研究怎么吹的问题。吹这个动作在 Scratch 中怎么实现呢？刚才介绍过，需要一个麦克风，然后通过监测麦克风的音量来感知你是不是在吹。这需要一个不起眼的小积木来实现，它就是"侦测"分类标签下的响度积木（见图 8-7 ）。

图 8-7

响度的数值范围是 0 到 100，在应用时把响度数值看作一个从 0 到 100 的动态数据就可以。这里设置的是大于 30 就视为在吹泡泡(见图 8-8)，你可以根据自己的设备和环境来确定数值上限。

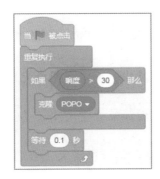

图 8-8

喵喵呱："这样确实可以吹泡泡了，可是感觉还是怪怪的。"

很多细节需要进行调整和完善，例如，泡泡不可能都是直线上升的，也不可能都一样大小，它在运动中有一定的随机性。把刚才的脚本改一下，增加一些随机的环节再来看（见图 8-9）。

喵喵呱："还有猫吹泡泡的动作和声音，细节是没有尽头的（见图 8-10）。"

图 8-9   图 8-10

1. 制作一个吹泡泡的游戏，可以使用麦克风吹出五颜六色的泡泡。

2. 为本节绘制的泡泡增加随音量大小，其克隆速度有所不同的功能。

3. 利用所学知识，尝试制作一个漫天飞雪的场景（见图 8-11、图 8-12）。

图 8-11

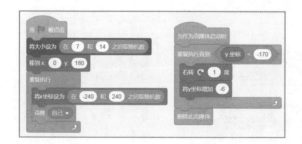

图 8-12

 问问你

克隆功能和画笔模块里的图章功能有哪些相似之处和不同之处？

8.2 摁出"小杠精"

呱呱喵在吐出了一大堆的泡泡后，就睡了。喵喵呱和蛇姗姗忙活出一身汗，坐在地上直喘粗气。

"真没想到，有一天我会和一条蛇在这里拼命救一只青蛙。"喵喵呱在感慨，"您也是这样想吧？"

蛇姗姗忙摇头："我不同，医者仁心，不分种族。教授教导过我，医生眼里只有病人，不会因为是青蛙或者老鼠就要区别对待。"

喵喵呱肃然起敬，连忙问道："那呱呱喵的病是治好了吗？为什么我没有看到杠精出现呢？"

"你没看到这漫天飞舞的泡泡久久不散吗？杠精就躲在其中一个泡泡里。"蛇姗姗用尾巴指了指满屋了乱飘的泡泡。

"啊？那它还会再害其他动物吗？"喵喵呱坐了起来。

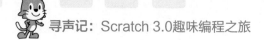

"应该会吧，这种寄生虫一般会继续找下一个宿主的。"蛇姗姗推测。

"那我得把它找出来，不能让它再害其他动物了。"喵喵呱亮出来了爪子，开始摁泡泡。

在 Scratch 的世界里摁泡泡，你一定在想是用鼠标来实现还是用键盘来实现吧？都不是。我们要使用摄像头来完成这件事情。在扩展模块里有一个"视频侦测"模块（见图 8-13），添加之后，里面只有四个积木（见图 8-14），这就是咱们用来摁泡泡的主力了！

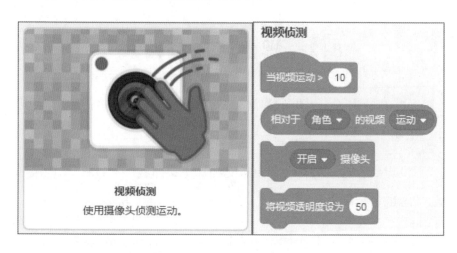

图 8-13   图 8-14

喵喵呱："根据经验，我大概能够猜出这几个积木是做什么用的。但是我搞不清这个'当视频运动 >10'数值是怎么来的？"

这个事件积木是根据侦测到的摄像头运动幅度来做的，摄像头前运动的物体幅度如果大于设置的参数单位，就会触发它下面的一系列积木。例如，想让小猫在视频运动大于 10 个单位的时候移动 10 步，就可以按图 8-15 左边的模块来写代码。

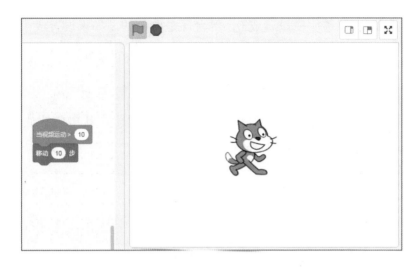

图 8-15

喵喵呱：“这样做后，猫根本不会动。”

在使用摄像头之前，需要先把摄像头打开，这时你会看到整个舞台的背景变成了摄像头的画面。如果感觉这样会受到干扰，就把摄像头的透明度数值设置得高一点。Scratch 不仅可以侦测到摄像头画面移动的距离，还可以侦测出角度。都加上后，就有了一只可以跟着手走动的猫（见图 8-16）。

图 8-16

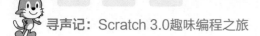

喵喵呱："若透明度设置成 0，舞台还是白色的；如果设置成 100……算了，看到自己的样子有点受伤。为什么感觉触发不灵敏呢？"

若感觉不灵敏，可以调整参数。另外要注意，尽量使用纯色物体在摄像头前面运动，尤其是你的脑袋不要老出现在屏幕上干扰电脑的侦测。这些都做到后，就可以摁泡泡了。

喵喵呱："我去找找前面介绍制作泡泡的内容。"

不用去找，前面绘制的泡泡没有摁破的造型，这次不一样，每个泡泡摁完之后是消失还是留下了痕迹？每个痕迹是不是不大一样？所以，这里为泡泡做了五种不同的造型（见图 8-17），正常的造型都一样，摁完之后就有区别了。

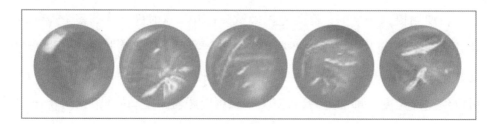

图 8-17

喵喵呱："这……痕迹肯定会不同。但这么多造型怎么用呢？

肯定不会一次都用，侦测到你按下的时候，随机选一种按下的造型来切换使用就可以（见图 8-18）。

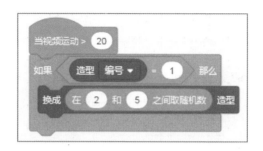

图 8-18

喵喵呱："可是现在只有一个泡泡，说好的一堆呢？"

这个容易，还记得克隆积木吗？利用好它，无穷无尽的泡泡不是问题！注意设置好移动的坐标和重复次数，然后克隆到所有你能看到的地方，让你一次摁个够（见图 8-19）。

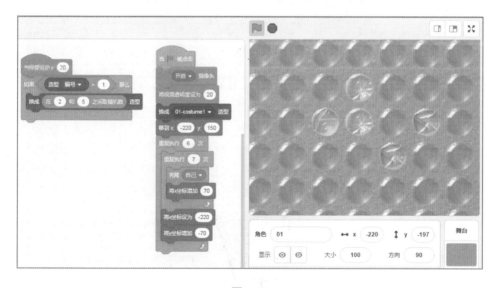

图 8-19

喵喵呱："让我静静，我的轻度强迫症看到这些受不了，都想摁完。"

1. 改编 8.1 节的案例，制作一个摁泡泡的游戏。小猫在舞台下方循环走动,随机吐出一个个泡泡,泡泡可以使用摄像头追击打碎（见图 8-20）。

图 8-20

2. 利用所学知识，尝试制作一个利用摄像头拍蚊子的小游戏（见图 8-21）。

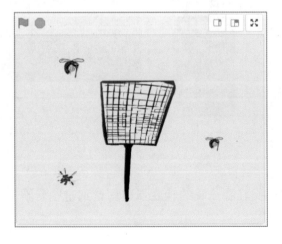

图 8-21

 问问你

经过你的测试，如何能让摄像头识别更准确？ Scratch 识别摄像头动作的原理是什么？

第 **9** 章

"杠精" 大魔王

　　喵喵呱伸出爪子，蛇姗姗立起尾巴，噼里啪啦地把空中的气泡全都打碎了，气泡里掉出了各种东西：钥匙、螺母、硬币……喵喵呱边打边感慨："别说有杠精了，谁肚子里有这些东西后，脾气也不会好。"

　　喵喵呱和蛇姗姗反应都很快，然而气泡全部打碎后，并没有发现寄生虫之类的东西。

　　"你确定都打完了吗？"喵喵呱四处看了看，没有找到泡泡。

　　"应该……或者……也许……大概……打完了？"喵喵呱和蛇姗姗面面相觑，这要没起作用，是不是就白忙了？关键是害呱呱喵遭那么大罪，多不好意思。

　　想到呱呱喵，它们的目光情不自禁地看向了它，结果喵喵呱和蛇姗姗同时大叫："别走！"

　　一只胖乎乎的丑陋的虫子正顺着呱呱喵的肚皮往它的嘴边蠕动。

　　说时迟，那时快，喵喵呱一爪子飞出，蛇姗姗也甩开了尾巴。"啪"同时命中呱呱喵身上的虫子，那条肥虫子受到震动后，跌落在地上，拼命

向远处爬去。"哪里跑！"喵喵呱大喝一声，一把抓住了虫子，正要把它擂死时，蛇姗姗赶忙挡住。

"这是难得的试验品，给教授留着吧。"蛇姗姗恳求道。

"可是这东西会害其他动物！"喵喵呱觉得还是除掉为妙。

"是这样，留着它，教授可以救更多的动物！"蛇姗姗开始讲道理，"没有教授的研究，你们也不能得救，是不是？"

喵喵呱觉得有道理，正在犹豫，突然一个浑厚的男中音传了过来："天哪！这里怎么乱糟糟的。你们在干什么？"喵喵呱惊得一抖，爪子里的虫子已经成了烂泥。

9.1 归来的教授

"发生了什么？它们打我！"呱呱喵摇摇晃晃地站了起来，脸肿得高高的，一只猫爪印清晰可见。

"您是？"喵喵呱看着走进来一条气宇轩扬的大个章鱼，心中正猜测，但不敢肯定。

"这就是鱼·问月教授。"蛇姗姗回过神来，连忙介绍道，"您回来了呀，这是喵喵呱，那只青蛙是呱呱喵。它们是这样的……"

教授听到它们是为杠精而来的，两眼放光："我出去找了大半年一无所获，你们居然能找到这里……真的是缘分！得来全不费工夫啊！"

"可是，"蛇姗姗显然有点害怕教授，"杠精已经死了。"

"什么？"教授的发声明显有点歇斯底里，"谁干的？"

喵喵呱不好意思地笑笑，正要开口说话，发现自己说不出来了。

教授伸出两条触须，轻松卷起了喵喵呱，一字一顿地说："我要吃了你！"

"啊？教授发狂了，你赶紧打它的触须十次，它就会把你放下来。"蛇姗姗见状大喊，"不要多打，也不要少打。"

计数十次？那你得知道什么叫变量才行。

在 Scratch 的世界中会遇到各种各样的数据，这些数据可能是在程序运行的过程中产生，也可能来自用户的输入。其中大部分数据不需要理会，但有些数据是咱们需要使用的，而为了操作这些有用的数据，需要找到它才行。为它起一个名字，这样才可以对它进行存储、读取或者修改。

喵喵呱："明白！这些有名字的数据就是变量。"

也不完全是，Scratch 的世界里有名字的数据不少，例如， ![响度] 之类的积木。就目前而言，咱们要用的变量就是自己设置的、有名字但没有固定数值或文本的数据。操作它们的积木，并集中在"变量"标签下。

喵喵呱："你直接说通过'建立一个变量'按钮建立的数据才是变量就行（见图 9-1）。"

图 9-1

单击图 9-1 中的"建立一个变量"按钮，会弹出"新建变量"对话框，你会发现变量分两种，一种是"适用于所有角色"的变量，表示所有的角色都可以对其进行访问和修改操作；另外一种是"仅适用于当前角色"的变量，其他角色可以访问，但无法修改其数据。新建变量之后，'变量'标签下的相关积木才会出现（见图 9-2）。

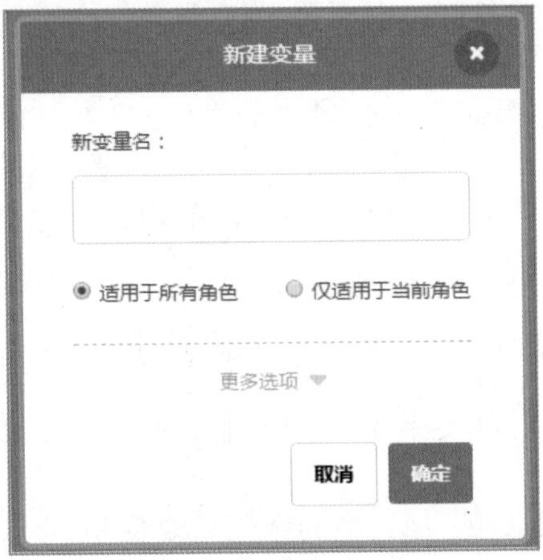

图 9-2

喵喵呱："我还认为该标签下的积木很少，原来都隐藏了（见图 9-3）。"

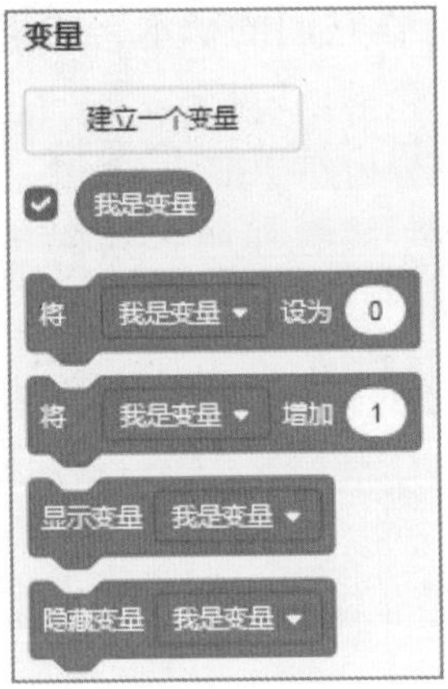

图 9-3

新建的变量就是一个单独的积木，它可以直接用在 Scratch 脚本中。该积木前面的对号被勾选时，变量的值就可以显示在舞台上，也可以使用"显示变量…"和"隐藏变量…"来控制舞台上变量的显示。

将 我是变量 设为 0 积木用来设置变量的值，变量的值可以是文本，也可以是数值。将 我是变量 增加 1 积木可以更改变量的数值，例如，单击图 9-4 中的猫，会报出单击它的次数。

图 9-4

喵喵呱："我把变量的值设置为'你好'文本，它一样会报数。"

如果变量的值是文本，则使用 将 我是变量 增加 1 积木更改其数值，Scratch 会将它视为 0 来计算结果。

喵喵呱："变量通常都是数值，难道不是吗？哪里用得上文本？"

文本类型的变量也是经常会用到的。例如，这条章鱼，它有六个造型、三种形态，分别是"正常"、"挨打"、"失败"的形态（见图 9-5），这时新建一个"章鱼形态"的变量来控制章鱼的形态会非常方便。

图 9-5

喵喵呱："一看代码就知道（见图 9-6），这个要求用数值也能满足的。那么，'正常'、'挨打'、'失败'这些积木是哪里来的？"

图 9-6

如果用数值，就需要记住每个数值的意义，三种状态还好，如果是 30 种状态，要在短时间内记住根本不可能，但文本就不同了。紫红色的积木是"自制积木"，它是"自制积木"标签下的一个重要功能（见图 9-7），它可以将一个角色中经常使用的脚本制作成一个新的积木，有利于重复调用，是提高效率的一种好方法。

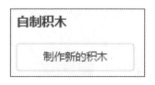

图 9-7

单击图 9-7 中的"制作新的积木"按钮，弹出对话框，可以为积木取名字，并增加参数，参数有二种（见图 9-8），一是数字或文本参数，Scratch 里所有可用于计算的数据基本都是数字参数。除此之外的字符基本上都属于文本参数，所有圆角矩形的积木都可以归为这一类。第二种是布尔值参数，也叫条件型参数，即真或者假、成立或者不成立。所有尖角积木返回的都是布尔值数据。第三种是标签，它只起到描述的作用。

图 9-8

单击"完成"按钮，即可创建自定义积木，这时脚本区会出现"定义……"积木块（见图9-9），在它下面编写代码完成其积木的功能后，这些积木就可以在"自制积木"标签下调用了（见图9-10）。

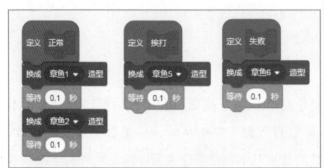

图 9-9   图 9-10

喵喵呱："我看这些积木也没重复利用。"

方便重复使用并不是"自制积木"唯一的用途，降低复杂度、增加代码的可读性、缩短代码的长度等功能都是自制积木的意义所在。在复杂的项目中多使用自制积木，你会发现它更多的优点。章鱼的代码就这么多，下面来编写猫的代码。

喵喵呱："如图9-11所示，这只猫还拿了武器来打章鱼呀？"

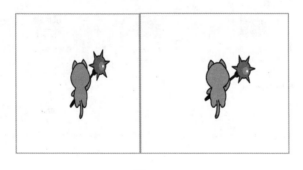

图 9-11

猫可以跟随鼠标移动，并且有两个造型，分别对应砸下和抬起的动作。在鼠标按下的时候，它在这两个造型之间切换（见图9-12），就有了挥武器的动感。这时如果它可以碰到章鱼，章鱼的状态就呈现出挨打的动作。

图 9-12

喵喵呱："这段代码是不错，可运行后无论如何都打不了章鱼。"

章鱼的设定是挨打10次才会被打倒，所以要新建一个变量，就叫"挨打次数"吧，在它大于9的时候就让章鱼被打倒。

喵喵呱："不行，不行，章鱼是正好挨打10下才会被打倒，应该是等于10才对。"

这个容易！现在的代码如图9-13所示。运行后看到的画面如图9-14所示。

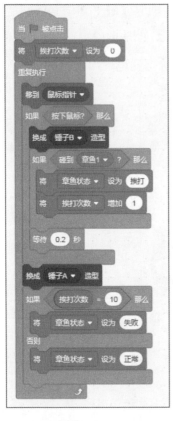

图 9-13

图 9-14

动手做

1. 制作本节猫打章鱼的游戏，并尝试从章鱼的状态、音效等方面丰富游戏内容。

2. 游戏中的章鱼总是挨打，游戏缺乏对抗性，请为章鱼增加一些攻击手段。

问问你

如果要为本节的章鱼增加一个"血条"设定，可以实时显示章鱼的血量，如何实现？

9.2 抽签赌命器

"哎呦！"教授触须被打后，松开了喵喵呱，把它重重地摔在了地上。教授暂时无力再对付喵喵呱，于是转身教育起蛇姗姗："杠精没了就没了，但是这两只动物都是刚刚被杠精感染过又痊愈的，你别告诉我不知道它们现在的价值。"

"我明白！教授，它们的体重、体温、情绪，以及食欲的变化都非常有科研价值，需要我做好记录。"蛇姗姗战战兢兢地答道。

"那你还把我的缺点告诉它们？"教授非常不满，"把它们捆到实验室去，和那群小白鼠关在一起。"

"啊？"蛇姗姗没敢动手。

"能为伟大的科学研究做贡献，这是它们荣幸。快动手！"教授恶狠狠地说道。

"好吧，教授。"蛇姗姗捆起了喵喵呱和呱呱喵，低声说道，"得罪了！要委屈你们一段时间了。"

喵喵呱和呱呱喵无可奈何，也动不了，任由蛇姗姗捆起来扔到一间漆黑的房间里，摔得头晕脑胀。过了没多久，一个慵懒的声音在耳边响起："新来的？看起来块头挺大嘛！"喵喵呱抬头看去，一只白色的老鼠站立在自己面前。

"啊？！猫……"白色老鼠有点崩溃，"您需要点什么？我去给您准备。"喵喵呱摇头，它没心思和一只老鼠计较，问道："这是什么地方？你是谁？"白色老鼠赔笑道："这是鱼·问月教授的实验室，我们都是它用于做实验的动物。您叫我'发财'就行。"

"做什么实验？"喵喵呱很好奇。

"我也不知道，它们经常抽签叫动物出去，但被叫出去的动物就再也没回来过。"发财知道的也不多。

抽签喊动物？喵喵呱沉思起来。

喵喵呱："抽签这件事情我能实现，首先需要一个变量保存随机的数值。然后根据这个数值判断抽到了谁，代码如图9-15所示，效果如图9-16所示。"

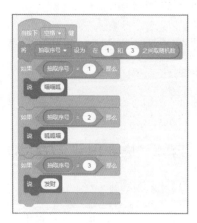

图 9-15

图 9-16

喵喵呱："怎么样？求夸赞。"

代码没有问题，挺好！但是有其他两个问题。第一，这么写下去，如果名单上动物数量较少是没有问题的，如果动物数量比较多，就会发现代码要写很长。第二，点到名的动物要怎么从名单里删掉呢？

喵喵呱："听着有点冒汗，第一点好说，我有足够的耐心，第二点应该也能实现，就是感觉有点麻烦，我再想想。"

不用继续"烧脑"了，这里有一个简便的方法，就是使用"列表"功能。还记得"变量"标签中"建立一个变量"按钮下面还有一个"建立一个列表"按钮（见图9-17）吗？单击它试试，会弹出"新建列表"对话框（见图9-18），列表也有全局和局部两种形式可选。

图 9-17   图 9-18

喵喵呱："这和新建变量完全相同。"

事实也是如此，列表归属在"变量"标签下，很多属性和变量相似，甚至说你可以把列表理解成一组变量来使用。但是列表的使用要比变量复

杂，这点从积木的数量上就能看出来（见图9-19、图9-20）。

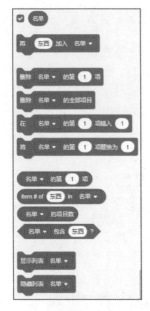

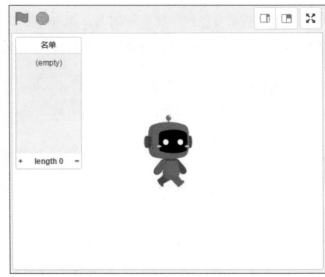

图 9-19　　　　　　　　　　　　图 9-20

喵喵呱：“居然比变量多这么多积木。这些都是做什么的呢？”

列表中虽然有很多积木，但基本上都离不开"增、删、改、查"四大功能。先来看如何给列表增加数据。

喵喵呱："都在积木上写着的， 将 东西 加入 名单▾ 积木肯定就是这个作用。"

将 东西 加入 名单▾ 积木确实可以起到给列表新增内容的作用，但还有一种方法就是单击舞台上列表左下角的"+"号（见图9-21），直接键入列表内容（见图9-22），输入完成后按回车键继续输入下一项。

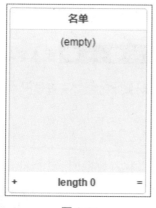

图 9-21   图 9-22

喵喵呱："我发现拖动图 9-21 中右下角的'='可以改变列表显示的大小。"

列表中的数据是一个个存进去的，所以可以通过列表中的编号来操作特定元素。这点从舞台上可以看出，数据左边的数字是编号，列表下方的数字是总的数据数量。若想插队，就要用 ![在 名单 的第 1 项插入 1] 积木来实现，想删除某一项，则可以通过 ![删除 名单 的第 2 项] 积木来实现。

删除列表项目也可以通过舞台操作，直接选择数据项，单击后面的 ![×] 按钮即可（见图 9-23 ）。

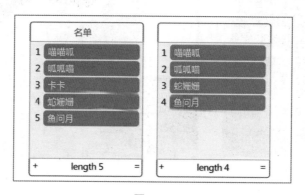

图 9-23

喵喵呱："还可以全部删除，因为我看到了 `删除 名单▼ 的全部项目` 积木。"

至于"改"操作，主要通过 `将 名单▼ 的第 1 项替换为 1` 积木来实现。从数量上和"查"功能的积木没法比，而且很多时候，它需要"查"积木来配合使用。

喵喵呱："先查到再改吧！"

做列表肯定不是为了放着玩，需要其中的数据时，就得使用"查"功能，所以"查"这类积木相对比较多，其中最常用的应该就是 `名单▼ 的第 1 项` 积木，根据编号来取出内容；与之相对的还有 `item # of 东西 in 名单▼` 积木，它正好相反，是根据内容找到编号； `名单▼ 包含 东西 ？` 则是一个尖括号积木，用来判断列表中有没有这项内容。 `名单▼ 的项目数` 积木也可以归为"查"，只是它所查的是整个列表的项目数量。

喵喵呱："那么控制列表是否显示的积木，哪一类都不属于吗？"

知道这些后，就可以用列表来改写点名程序了。首先设置好角色和背景，然后新建列表，用积木把名单添加到列表中（见图9-24、图9-25）。

图9-24   图9-25

新建一个"选中序号"的变量，为小狗写上如图 9-26 所示的代码，随机点名的程序就实现了（见图 9-27）。

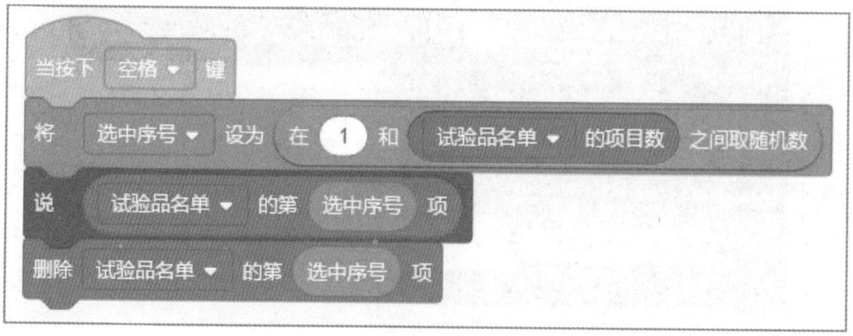

图 9-26

图 9-27

喵喵呱："还有点问题，没有名字可点的时候，小狗就不会说话了。下面加个功能，在试验品名单项目数是 0 的时候（见图 9-28），小狗就会告之你已经没有名字可以点了。"

图 9-28

动手做

1. 完成本节的例子，并给小狗增加三种动作状态，分别是"等待点名"、"点名动作"和"无名字可点"。

2. 列表可以保存大量的数据，尝试使用列表功能演奏一首曲子（见图 9-29）。

图 9-29

 问问你

除了前面介绍的，你还知道在实现什么功能的时候需要用到列表吗？

9.3 逃亡的密码

喵喵呱的眼睛很快适应了漆黑的光线，它看着房间里大约有十几只老鼠，或坐，或躺，七扭八歪地散落在各个地方，都是一副奄奄一息、坐以待毙的神情，不禁感叹道："看来，这和死牢也没什么区别。"

发财一脸谄笑："还是猫大人看得准！谁说不是呢？这就是等死。"

喵喵呱很纳闷："你说你都快死了，怎么还有精神在这里要横呢？"

发财听后很尴尬："我从前一直战战兢兢，夹着尾巴做老鼠，为了活着，老被欺负。现在我快死了，说什么也得过把霸道的瘾……"

呱呱喵尽管很虚弱，还是挣扎着发表自己的意见："你们不是老鼠吗？天下还有能关得住老鼠的地方？"

发财苦笑："开始都是这么想的，再怎么说我们打洞也很专业。结果发现这里的墙和地板比钢板还硬，想出去就只能通过天窗或者大门。"

喵喵呱对老鼠很了解："就你们那牙口，短时间还行，时间长了什么锁能挡住老鼠磨牙？"

"天窗就是扔你们下来的地方。大门很近，可是非常结实，特别是有三个按钮，只有按照一定的次序按动这三个按钮才可以打开。"发财咽了下口水，"按错了会被电死，但据说打开它就可以离开这个世界了。"

"门在哪里？"喵喵呱一跃而起，离开 Scratch 的世界？这不就是回去的通道吗？至于按动按钮的顺序，这只老鼠是没见过密码吧？

密码的设计和破解一直是个大学问，近代甚至影响过很多战争局势。幸好鱼·问月教授并不是这方面的行家，这扇密码门设计得比较简单。

喵喵呱："可是简单的我也不会……"

还记得机器人卡卡吗？咱们试试数值比对。在那个程序中，卡卡会提醒用户输入密码，如果输入的密码是"1"，那么门就会打开，如果不是，门就会关上（见图 9-30）。

图 9-30

喵喵呱："1 也太简单了！这个我会。"

稍微改一下代码，只需要把那个 1 改成 "芝麻开门"，就是文本对应的密码（见图 9-31）。

图 9-31

喵喵呱："原理我明白了！可是这两个例子与按钮顺序开门还是不太一样。"

使用键盘输入信息和使用按钮输入信息并没有本质的不同。下面先把场景布置好，猫、门和三个按钮（见图 9-32）。门以场景素材的方式来体现，需要注意的是按钮，三个按钮是排列整齐的，而且有按下和弹起的状态区分。

喵喵呱："这个和钢琴按键一样，可通过更改属性数值来排列。"

图 9-32

不仅仅是排列和造型，还有按钮的脚本也有相通的地方。钢琴的按键使用的是 `当角色被点击` 事件积木来编写，可是这个事件积木在 ▶ 没有被单击的时候一样起作用，所以这里换一种方式，使用"重复执行"来编写。这种方式要求同时监测两件事情，一是鼠标是否在按钮上，二是鼠标是否被按下。所以，使用 ◆ 与 ◆ 积木把这两个条件连接起来，这样按钮的脚本就成了如图 9-33 所示的样子。

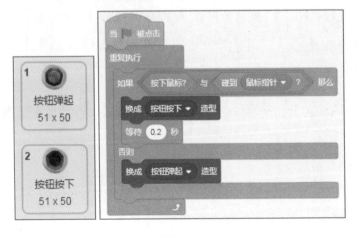

图 9-33

喵喵呱："果然比钢琴的按键灵敏。"

仅仅实现了按钮的视觉效果，门还是开不了。如何获取按钮按下的顺序呢？其实实现方法有很多，比较直观的就是使用文本比对。这里需要两个变量，一个变量记录按钮的按下顺序，另外一个变量用来记录密码（见图 9-34）。

图 9-34

喵喵呱："第二个变量是不是可以没有呢？"

如果你有足够的耐心，多输入几次就可以。不过不建议这样做，虽然多出一个变量，但编写效率更高，修改密码也更方便。创建变量之后，就可以给每个按钮编写不同的功能了，在按下它们的时候，往变量里存储一个字符，然后比较这两个变量是否相等。这里设置的字符是"1"、"2"、"3"。

喵喵呱："为什么还要用数字？"

这里无论是使用"a"、"b"、"c"还是"R"、"G"、"B"，都没问题，只要注意最终字符串能相互对应就可以。在每次按下按键的时候，注意使用 连接 apple 和 banana 积木把 输入密码 变量和按钮代表的字符连接起来。图 9-35 是红色按钮的脚本，蓝色和绿色按钮脚本类似，不同的只是连接的字符不同。

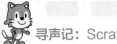

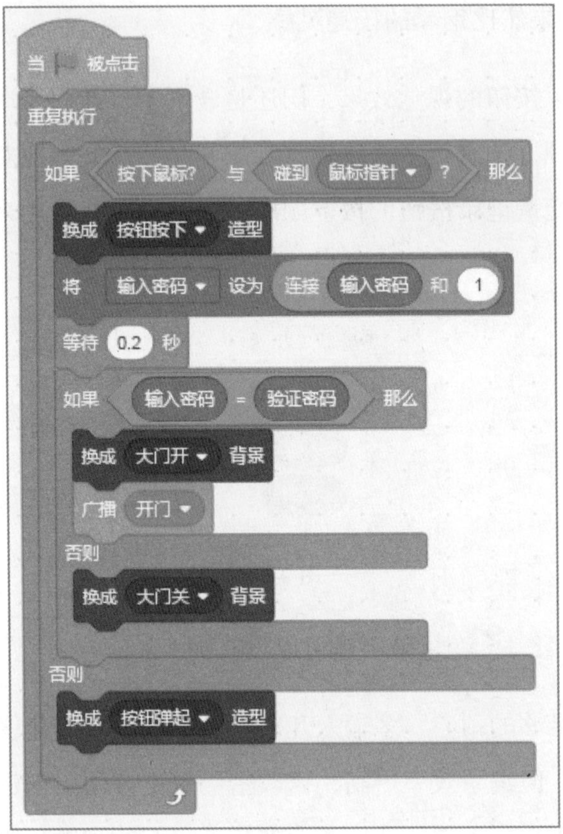

图 9-35

至于那只要逃出门的猫，脚本掌控了全场的视觉效果。在正确按下红、绿、蓝、蓝、绿、红按钮之后，就可以愉快地打开大门逃出去了（见图 9-36、图 9-37）。

图 9-36

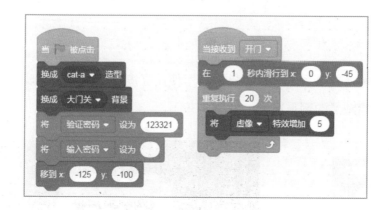

图 9-37

喵喵呱："这确实可以开门，但如果按错了，就不会有任何提示。"

这个功能稍微复杂一些，严格地说，需要逐一对字符进行比刈。但就当前这个密码来说，可以使用 apple 包含 a ? 积木实现。红色按钮脚本调整后是如图 9-38 所示这样，记得设计好按钮按错后的视觉效果，让程序更加炫酷。

图 9-38

给猫增加按错后的视觉效果，这里使用亮度特效闪烁来实现。当然也少不了满脸黢黑的倒霉造型（见图 9-39）。

图 9-39

喵喵呱："哈哈，完成这个就可以回家了。我迫不及待地想试试。"

赶紧动手吧！完成后可以试试逐字符进行比对。使用列表也可以实现这些功能，加油吧！

动手做

1. 动手制作本节案例，丰富案例细节，并尝试制作使用多个密码都可以开门的案例。

2. 传统的保险柜有个旋钮（见图9-40），可以通过正反旋转来输入密码，尝试制作一个模拟保险柜开锁的小程序（见图9-41）。

图 9-40

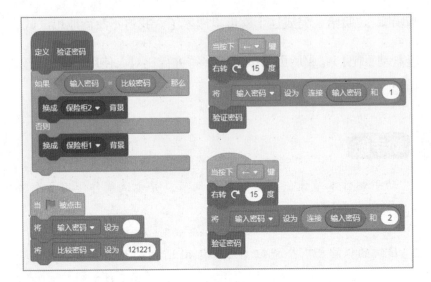

图 9-41

如何做到让别人从脚本中看不到密码？

尾 声

大门顺利地打开了，喵喵呱拉着呱呱喵一步迈了进去。一阵头晕目眩之后，一睁眼就回到了猫村长老面前。

"这是哪里？"发财紧跟其后，发现状况不太对，怎么到处都是猫？夹紧尾巴不敢乱动了。

长老没理会发财，笑呵呵地问喵喵呱："怎么样，找到自己的答案了吗？"喵喵呱摇摇头，又点点头，和长老告个别，撒腿就往家跑。

它想家了。

喵喵呱回到家就扎到了妈妈的怀里："呱呱，妈妈，我想死你了。"

喵喵妈还在忙自己的事情："这么快就回来了？长老说什么了？"

喵喵呱很惊奇："这么快？我出去多久了？"

喵喵妈停下手中的事情，摸了摸喵喵呱的额头："也就一刻钟吧？长老说什么了吗？"

喵喵呱晕乎乎地说："呃，那倒没有……"

喵喵妈："那就好！去玩儿会吧，会门外语也没什么不好的，妈妈还要做家务。"

喵喵呱："嗯嗯，我想通了，呱呱叫又怎么样，我有这么好的妈妈。妈妈，我爱你！"

喵喵妈笑了："我也爱你！孩子。"

喵喵妈抱住了喵喵呱，这时远处传来了一阵歇斯底里的声音："喵喵呱，你个没良心的。把我扔下后，你去哪里了？这糟糕的天气……"